普通高等教育系列教材

SolidWorks 2022 三维建模基础与实例教程

张忠林　李立全　**主编**

韩瑞琦　张浩飞　王凯业　**参编**

机械工业出版社

本书以 SolidWorks 2022 中文版为基础，是 SolidWorks 2022 软件三维建模设计的初、中级教程。全书共 6 章，主要包括 SolidWorks 2022 概述、基本草图绘制、零件基础特征三维建模、典型机械零件三维建模、装配特征三维建模和工程图，涵盖了 SolidWorks 2022 的常用功能与操作，并详细介绍了其工程应用。书中选择的实例都是经典的机械设计题目，也是读者在实际工作中经常会遇到的问题，如盘类零件、轴类零件、连接件、齿轮零件、箱体、轴承、气缸、海底钻机装配体等产品的开发设计。

本书条理清晰、系统全面、由浅入深、实例引导、贴近实用、重点突出、图文并茂。结合实例详细讲解基本指令的使用方法，操作过程配有非常详细的图片说明，内容翔实、实践性强。在每章最后又给出了一些具有创新性的练习题目，并做了明确的指导。通过这些练习，让读者体验真实的设计和操作，给读者以更大的学习与发挥空间。

本书可以作为高等院校机械类专业的 CAD/CAM 教材，也可作为相关培训机构的培训教材，还可作为机械设计工程师、制图员，以及从事三维建模行业的工作者的理想参考书。

本书配有授课电子课件、基本网络实验指导、习题解答、源文件、知识点视频（可扫码观看）等资源，需要的教师可登录机械工业出版社教育服务网 www.cmpedu.com 免费注册，审核通过后下载，或联系编辑索取（微信：13146070618，电话：010-88379739）。

图书在版编目（CIP）数据

SolidWorks 2022 三维建模基础与实例教程/张忠林，李立全主编 . —北京：机械工业出版社，2023.10（2025.1 重印）

普通高等教育系列教材

ISBN 978-7-111-73581-6

Ⅰ.①S… Ⅱ.①张… ②李… Ⅲ.①机械设计-计算机辅助设计-图形软件-高等学校-教材 Ⅳ.①TH122

中国国家版本馆 CIP 数据核字（2023）第 137095 号

机械工业出版社（北京市百万庄大街 22 号 邮政编码 100037）

| 策划编辑：解 芳 | 责任编辑：解 芳 |
| 责任校对：樊钟英 李 杉 | 责任印制：张 博 |

北京中科印刷有限公司印刷

2025 年 1 月第 1 版第 3 次印刷

184mm×260mm · 15.75 印张 · 387 千字

标准书号：ISBN 978-7-111-73581-6

定价：65.00 元

电话服务　　　　　　　　　网络服务

客服电话：010-88361066　　机 工 官 网：www.cmpbook.com

　　　　　010-88379833　　机 工 官 博：weibo.com/cmp1952

　　　　　010-68326294　　金 书 网：www.golden-book.com

封底无防伪标均为盗版　　机工教育服务网：www.cmpedu.com

前　言

党的二十大报告提出，加快建设制造强国。实现制造强国，智能制造是必经之路。计算机辅助设计技术是智能制造的重要支撑技术之一，其推广和使用缩短了产品的设计周期，提高了企业的生产率，从而使生产成本得到了降低，增强了企业的市场竞争力，所以掌握计算机辅助设计对高等院校的学生来说是十分必要的。

CAD/CAM/CAE 技术是提升产品性能、加快产品研发过程、提高效益的有效手段。同样，CAD/CAM 的应用也对从业人员提出了新的要求，掌握 CAD/CAM 软件已经成为其必备的职业技能。SolidWorks 是一款优秀的面向工业设计的专业 CAD/CAM/CAE 类软件，蕴涵了丰富的最佳实践，可以帮助用户更快、更轻松地完成设计开发工作。SolidWorks 2022 是集 CAD/CAE/CAM 为一体的全三维参数化机械设计平台，它提供了基于特征的参数化设计、基于草图的参数化设计和基于装配的参数化设计，给出了从小零件到复杂零件的参数化设计解决方案。该软件的功能覆盖了整个产品的开发过程，即覆盖了从概念设计、功能工程、工程分析、加工制造到产品发布的全过程，在航空、汽车、机械、电器电子等各工业领域都有非常广泛的应用。

本书共 6 章，具体内容安排如下。

第 1 章　SolidWorks 2022 概述。主要概述 CAD 技术，使读者对 CAD 技术有一个全面的认识，以更好地激发学习 SolidWorks 2022 的热情，并介绍了 SolidWorks 2022 软件的界面和文件管理等相关基础知识。

第 2 章　基本草图绘制。主要对 SolidWorks 2022 软件的草绘模块做了大致介绍，并给出了简单但又非常典型的草绘实例，以帮助读者熟悉 SolidWorks 2022 软件在实践中的应用，为零件二维绘制打下基础。

第 3 章　零件基础特征三维建模。主要对 SolidWorks 2022 软件的基准特征、实体操作特征、工程操作特征等建模基础知识进行介绍，给出了综合特征典型实例，以帮助读者熟悉 SolidWorks 2022 软件在实体建模实践中的重要应用，为零件三维建模打下基础。

第 4 章　典型机械零件三维建模。主要进行典型机械零件的实战建模学习，包括槽轮拨盘、法兰盘、拉力传感器、阶梯轴、螺母、弹簧、齿轮、散热管、异形散件、箱体等单体零件的建模。通过多种典型机械零件的建模实例设计，熟练掌握 SolidWorks 2022 软件的建模操作方法和技巧，为学习后续内容做好必要的准备。

第 5 章　装配特征三维建模。主要进行装配功能的学习，重点掌握装配基本知识和基本操作，并给出滚动轴承、气缸、钻孔机的装配建模实例。通过多个零部件实战化的装配建模，诠释了产品建模设计的整个过程，为工程图设计打下基础。

第 6 章　工程图。主要学习工程图的绘制。通过文档属性设定、图框和属性链接等操作学习，重点掌握零件图、装配图等工程图的绘制，为加工制造和开发新产品打下良好的基础。

本书由哈尔滨工程大学机电工程学院多年从事 SolidWorks 软件教学工作的一线教师编

写，其中张忠林编写第 1 章和第 4 章 4.4~4.8 节，李立全编写第 2 章和第 4 章 4.1 节，王凯业编写第 3 章和第 4 章 4.2、4.3 节，韩瑞琦编写第 5 章，张浩飞编写第 6 章，全书由张忠林负责统稿。

本书提供电子课件、基本网络实验指导、习题解答、知识点视频等资源。本书的出版得到了机械工业出版社的大力支持与帮助，在此表示衷心的感谢。

由于编者时间和水平有限，书中难免有不妥和疏漏之处，恳请广大读者赐教指正。

编　　者

目　　录

第1章 SolidWorks 2022 概述

本章导读（思维导图）

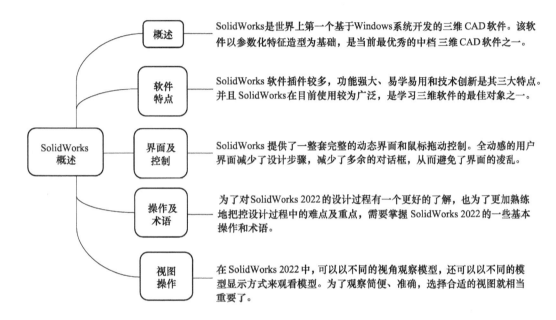

SolidWorks 软件作为当今专业的 CAD/CAM 软件，内容丰富、功能强大，是应用电子技术和机械制造专业的一个重要的工具软件。

通过本章的学习应逐渐熟悉软件的相关知识，达到以下要求：

1）认识 SolidWorks 软件的性质、目的、应用范围，认识 SolidWorks 软件的三维建模艺术。

2）对 SolidWorks 操作界面的认识，对主窗口的总体认识。

3）重点掌握工作目录的建立和文件的管理等常识。

4）了解菜单栏的各项命令及菜单操作中主要包含的内容及各子项的作用，菜单管理器及工具栏的功能，模型特征信息框及模型树窗口，以及提示区、工作环境的制定，学会使用提示区的提示语言等初步知识，为后面学习 SolidWorks 零件设计打下基础。

SolidWorks 软件功能强大，涵盖产品从建模分析到制造的各个方面，分为多个模块，堪称 CAD/CAE/CAM 软件的典范，因而被广泛应用于机械、电子、模具、汽车、家电、航空等领域。

本章通过简要介绍 SolidWorks 软件的建模特点、建模技术，主要介绍 SolidWorks 2022 功能特性、用户界面、基本文件管理、系统配置选项设置等相关内容，向读者介绍 SolidWorks 2022 软件的基本入门知识。

1.1 CAD/CAE/CAM 技术简介

电子计算机是现代科学技术发展的重大成就之一，已经普及应用到各个领域。随着计算机技术的迅速发展，产品建模设计和生产的方法也都在发生着显著的变化，由此 CAD/CAE/CAM 技术便应运而生，它是计算机技术与数值计算技术、机械设计、制造技术相互结合与渗透，而产生的计算机辅助设计（Computer Aided Design，CAD）、计算机辅助工程（Computer Aided Engineering，CAE）与计算机辅助制造（Computer Aided Manufacturing，CAM）的一门综合性应用技术。

CAD/CAE/CAM 技术的发展，改变了人们设计、制造各种产品的常规方式，有利于发挥设计人员的创造性。三者的有机结合，意味着可以进一步提高设计和生产的效率，实现产品设计、制造、分析的一体化，在设计过程中其优越性主要表现在：

1）将设计人员从大量烦琐的重复劳动中解救出来，使其可以集中精力发挥创造性。

2）缩短了设计周期，减少了设计、计算、绘制图表所需的时间，提高了产品设计质量。

3）很容易从多个设计方案中进行分析、比较、遴选最佳方案，实现设计方案的优化。

4）有利于实现产品设计自动化、生产过程自动化，以及产品的标准化、通用化和系列化，满足市场需求。

5）CAD/CAE/CAM 一体化，使得产品设计、制造、分析过程形成了一个有机的整体，在经济效益提升和技术革新上带来更多可能。

SolidWorks 2022 是一款优秀的 CAD/CAE/CAM 软件，它可为用户提供一个完整、准确地建立和显示三维实体几何形状的方法和工具，具有消隐、着色、浓淡处理、实体参数计算、质量特性计算、三维建模、工程图绘制等功能，从而被广泛应用于机械、电子、模具、汽车、家电、航空等领域。

1.2 产品建模技术

CAD 技术的发展与计算机技术、计算机图形化技术的发展密切相关，CAD 产品建模技术大致经历了二维建模、线框建模、曲面建模、实体建模、特征建模、基于特征的参数化和变量化建模等发展阶段。

1. 线框建模技术

线框建模是在二维图形的基础上增加了深度坐标（Z 坐标），用三维空间的线条表达设计棱边的建模系统。这是二维计算机绘图技术，也是 CAD 产品建模的初级阶段。它起步于 20 世纪 50 年代后期，一直持续到 20 世纪 70 年代末期，其后作为 CAD 技术的一个分支，相对独立、平稳地发展。

2. 曲面建模技术

进入 20 世纪 70 年代，法国人提出了贝塞尔算法，在二维绘图基础上，开发出以表面模型为特点的自由曲面建模方法，也称为表面建模技术。通过在线框造型的基础上添加面的信息，用空间的曲线来表示物体的外表面，用面的集合来表示物体。这是 CAD 的第一次技术革命。

3. 实体建模技术

20 世纪 80 年代，由于表面建模技术只能表达形体的表面信息，难以准确表达产品的其他特性信息，如质量、重心、惯性矩等，对 CAE 不利，造成 CAE 的前处理非常困难。基于 CAD/CAE 一体化探索，SDRC 公司在 1979 年发布了第一个完全基于实体建模技术的大型 CAD/CAE 软件——I-DEAS。它通过对点、线、面等几何元素进行旋转等几何变换，以及通过定义基本体素，如立方体、圆柱体、球体、锥体、环状体等，并利用体素的几何运算（布尔运算）生成实体。由于实体建模技术能够精确表达产品的全部属性，在理论上有利于统一 CAD、CAE 和 CAM 的模型表达，给设计带来了惊人的便利，因此，其他 CAD 系统纷纷仿效。可以说，实体建模技术的普及应用代表着 CAD 发展的第二次技术革命。

4. 参数化和变量化建模技术

进入 20 世纪 80 年代中期，CV 公司内部提出了一种比无约束自由建模更新颖、更好的算法——参数化实体造型技术，其主要的特点是基于特征、全尺寸约束、全数据相关、尺寸驱动设计修改。由于当时的参数化技术处于初级阶段，还不能提供解决自由曲面的有效工具，如实体曲面问题等，因此 CV 公司否决了参数化技术方案。研究参数化技术的这些人于是离开了 CV 公司，并开始研制参数化软件。到了 20 世纪 90 年代，参数化技术成熟起来，代表了 CAD 的第三次技术革命。

从用户操作和图形显示上，一般感觉不到特征模型与实体模型的不同，主要区别表现在内部的数据表示上。表现线框模型、曲面模型、实体模型与特征模型的三维图形如图 1-1 所示。

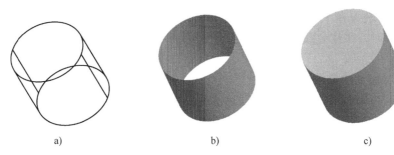

a)   b)   c)

图 1-1　三种模型的比较
a）线框模型　b）曲面模型　c）实体模型与特征模型

1.3　SolidWorks 2022 建模技术

在 SolidWorks 中建立模型的基础是"特征"，即用一些基本的特征如拉伸、旋转、圆角、倒角等作为产品的几何模型的构造要素，通过加入相应参数形成特征。在创建特征时遵循整体的设计思想，一个一个创建特征，然后将特征组合起来，形成零件，再将零件组装起来，实现整个产品设计。

1. 基于特征的参数化建模

参数化建模的特点就是，在 SolidWorks 的图形绘制过程中，其中用到的尺寸并不固定，可以根据需要随时进行修改。因此建模时尽量使用简单的特征来组合形成模型，越简单以后修改也越容易，这样使得设计意图更加有弹性。如图 1-2 所示特征列表，可以清晰地观察到主视图零件呈现的特征组成，甚至可以在图中左侧进行便捷的特征尺寸修改。

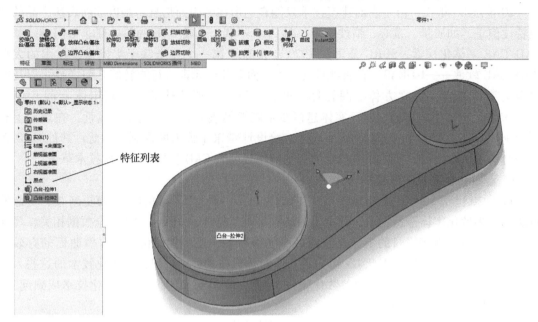

图 1-2 零件特征列表

2. 基于全尺寸约束的参数化建模

SolidWorks 软件是基于全尺寸约束的。其任何特征的约束尺寸不能少于要求的约束尺寸。在实际建模时，往往会因为尺寸不足，而不能形成特征实体，当然也不能因约束过多，而形成过约束。

3. 基于尺寸驱动的参数化建模

SolidWorks 使用尺寸来驱动特征，通过修改尺寸可以驱动模型，也就是说已建立的模型会随尺寸的改变而改变。一般来说，在产品设计之初，对要设计的模型不可能事先决定全部的细节，尺寸驱动可以很方便地修改模型尺寸，改变模型形状，满足设计要求，从而为设计带来方便。

4. 基于单一数据库的全相关数据管理的建模技术

SolidWorks 不像其他传统的 CAD/CAM 系统建立在多个数据库之上，而是将所有数据都建立在单一的数据库上。SolidWorks 的所有模块都是全相关的，即在整个设计过程中，任何一处特征参数发生改动，均可以反映在整个设计过程的相关环节上。这就意味着在产品设计开发过程中，某处特征进行的修改能够扩展到整个设计中，同时自动更新所有的工程文档，包括装配体设计、工程图以及制造数据。这样可降低资料转换时间，大大提高设计的效率。但是也要注意尺寸一旦错误就很难更改，需要加倍小心。

1.4 SolidWorks 2022 的界面和文件操作

SolidWorks 2022 的启动有两种方法：一种是从桌面快捷方式启动，另一种是从 Windows 的"开始"→"所有程序"中启动。

SolidWorks 2022 安装完成后，在 Windows 操作环境下，选择"开始"→"所有程序"→"SolidWorks 2022"命令，或者双击桌面上的 SolidWorks 2022 的快捷方式，就可以启动该软件了。图 1-3 所示是 SolidWorks 2022 的启动界面。

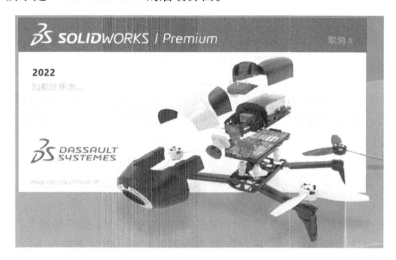

图 1-3　SolidWorks 2022 的启动界面

1.4.1　SolidWorks 2022 的界面介绍

SolidWorks 2022 的工作环境是每位初学者必学的内容。SolidWorks 2022 初始界面环境与工作界面环境不同，并且不同模块的环境也会有所差别。掌握界面环境中各元素的功能，可以帮助读者快速进入学习环境。而总体的操作界面如图 1-4 所示。其他界面的功能会在下文中做出详细解释。

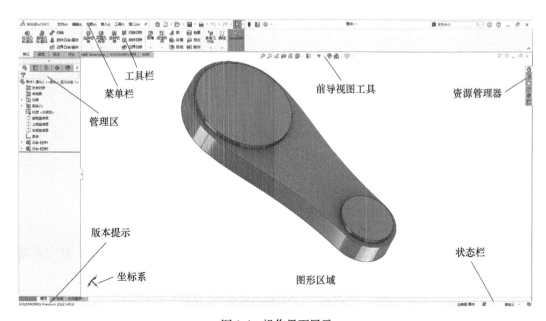

图 1-4　操作界面展示

1. 初始界面

SolidWorks 2022 初始界面主要包括菜单栏（图 1-5）、空白背景窗口、资源管理器和状态栏。

图 1-5　菜单栏展示

1）菜单栏位于 SolidWorks 界面的顶端，菜单栏含有 SolidWorks 2022 的命令。界面顶端除伸缩菜单栏外，还有"标准"工具栏、"帮助"命令集、"最小化"按钮、"隐藏"按钮和"关闭"按钮。

2）将鼠标指针移至图 1-6 中①处（按钮右侧小三角处），程序会自动弹出菜单栏，将鼠标指针移开时，菜单栏会自动隐藏。单击菜单栏右侧的图钉按钮，将菜单栏固定，如图 1-5 所示。

3）"标准"工具栏集中了文档操作中最常用的命令，包括"新建""打开""保存""打印""撤销""重建模型"和"选项"等命令集，如图 1-6 中②处所示，其中的"撤销"命令可以有效地帮助用户更好地操作 SolidWorks。

4）"帮助"命令集如图 1-6 中③处所示：①"新增功能"选项：SolidWorks 以 PDF 文档形式列举了每一个模块中的改进命令，并对改进部分做了说明；②"从 2D 过渡到 3D"选项：帮助用户了解 SolidWorks 和 2D CAD 系统之间的某些差异；③"检查更新"选项：检查 SolidWorks 2022 有无更新，如果有更新，则对软件进行更新。

图 1-6　初始界面

2. 工作界面

打开一个实体文件，弹出如图 1-7 所示的工作界面。

（1）状态栏

状态栏位于 SolidWorks 2022 窗口的底部，用于显示当前命令的相关信息。有三种常见的状态栏形式。

1）当将鼠标指针移至某一按钮上时，状态栏会显示出该按钮的定义。

2）在测量特征时，会反馈出测量的信息。

图1-7 工作界面展示

3）在绘制草图截面时，会显示草图的状态，如是否"过定义"。

（2）命令管理器

命令管理器将各模块快捷命令集中在"特征""草图""评估"和"插件"（一般都是隐藏的，使用时需要在 SolidWorks 中再次启动插件）面板中，如图1-7中①处所示。

当需要创建特征时，可以切换至"特征"面板。选择需要使用的命令进行创建。在使用其他的草图、评估和插件命令时，只需在面板中进行切换。

（3）管理集群

管理集群位于界面的左上角，如图1-7中②处所示。

1）FeatureManager：用于提供零件、装配体或工程图的大纲视图，以使查看模型、建造装配体及检查工程图中的图样和视图更加容易。FeatureManager 在下列操作或模块中具有不同的作用。

- 以名称来选择模型中的项目。
- 过滤 FeatureManager 设计树。
- 确认和更改特征的生成顺序。用户可以在 FeatureManager 设计树中拖动项目来重新调整特征的生成顺序，以更改重建模型时特征重建的顺序。
- 通过双击特征的名称显示特征的尺寸。
- 如果更改项目的名称，在名称上缓慢单击两次，然后输入新的名称即可。
- 压缩和解压缩零件特征及装配体零部件。
- 右键单击特征，选择父子关系，以查看父子关系。
- 找出与模型或特征相关联且在操作提示中说明的错误和警告。

2）ConfigurationManager：主要用于查看文档的生成和选择，以及零件和装配体的配置方式。

3）DimXpertManager：用于按特征列出 DimXpert 的公差特征，并显示 DimXpert 工具。

4）主要用于零件最后的染色或者渲染，可以使得零件的每一个表面为不同色泽，也可以整个零件都变成一个色泽。

在进行界面的初期学习时，可以附带些自己想要做的操作，毕竟"实践是检验真理的唯一标准"。多进行操作可以加深对界面的印象，比单纯记忆的效果要好很多。而在日常进行绘图过程中，工作界面是最常用的界面，必须熟练掌握各个部分的各种功能。

（4）资源管理器

资源管理器中包含 SolidWorks 资源、设计库、文件探索器、查看调色板、外观/布景和贴图，如图 1-7 中③处所示。

1）"SolidWorks 资源"面板：包含开始栏、SolidWorks 工具栏、视区栏、在线资源栏和订阅服务栏。

2）"设计库"面板：提供了专门的工具对设计库进行编辑。

3）"文件探索器"面板：文件探索器类似于 Windows 资源管理器，用于显示 SolidWorks 2022 当前打开的文件、桌面。用户可展开桌面，显示桌面上的所有文件夹，并可执行 Windows 资源管理器中的相关操作，如打开、复制和剪切文件等。

4）"查看调色板"面板：包含与所选零件相关的视图，在"查看调色板"面板中可以将零件的视图插入到工程图中。

5）"外观/布景和贴图"面板：在此面板中可以更改三维模型的外观及其布景属性，"外观"选项中提供了塑料、金属、涂刷、橡胶和玻璃等材质。

3. 工作环境的设置

工作环境其实就是打开 SolidWorks 后看到的界面。用户可以按照自己的使用习惯来调整菜单栏的位置，调整完之后，在使用中就不要再经常修改界面中菜单栏位置了。经常更改菜单栏位置容易找不到一些工具的位置，大大降低作图速度。

（1）"自定义"对话框

"自定义"对话框必须在有文件打开的情况下才有效。单击"选项⚙ ·"按钮，再单击"自定义"按钮，弹出如图 1-8 所示的对话框。在此对话框中可设置工具栏、快捷方式栏、命令、菜单、键盘、鼠标笔势和自定义的环境。

图 1-8 "自定义"对话框

1）在"工具栏"选项卡中，列出了 SolidWorks 2022 中所有工具栏的名称。选中工具栏名称前面对应的复选框，则对应工具栏显示在界面中，否则将会被隐藏。通过该选项卡，用户还可以决定工具栏中图标的大小，以及当鼠标指针指向图标时是否显示工具提示。

2）"快捷方式栏"选项卡如图 1-9 所示。在"工具栏"下拉列表中选择需要的工具栏，然后将需要的快捷图标直接拖动到工具栏中。

3）在"菜单"选项卡中，用户可以对所有菜单进行编辑、删除、修改名称和改变菜单的位置等操作，如图 1-10 所示。

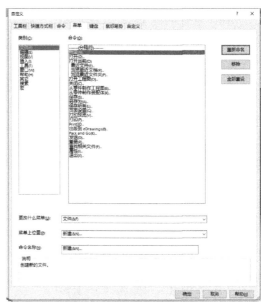

图 1-9 "快捷方式栏"选项卡　　　　　图 1-10 "菜单"选项卡

4）在"键盘"选项卡中，用户可以为已有菜单定义快捷键，也可以删除已有快捷键，还可以同一命令指定多个快捷键，如图 1-11 所示。

5）在"鼠标笔势"选项卡中，用户可以启用和设置鼠标笔势，如图 1-12 所示。鼠标笔势也是命令快捷方式的一种，按住鼠标右键进行上下左右的拖动至需要的选项即可，如图 1-13 所示。新手建议使用 4 笔势，如果使用熟练的话可以使用 8 笔势甚至 12 笔势。

图 1-11 "键盘"选项卡　　　　　图 1-12 "鼠标笔势"选项卡

（2）SolidWorks 2022 的选项

SolidWorks 2022 的选项包括系统选项和文档属性，可以用于定制相关选项和属性。

1）选择"选项"→"选择"命令，打开"系统选项"对话框。在"系统选项"选项卡中包含"普通""工程图""颜色""草图""显示/选择""性能""装配体""外部参考""默认模板"和"文件位置"等选项组，如图 1-14 所示。

- 普通。在"普通"选项组中可设置是否开启"启动时打开上次所使用的文档""输入尺寸值""每选择一个命令仅一次有效"等。

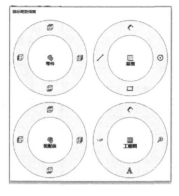

图 1-13　鼠标笔势演示

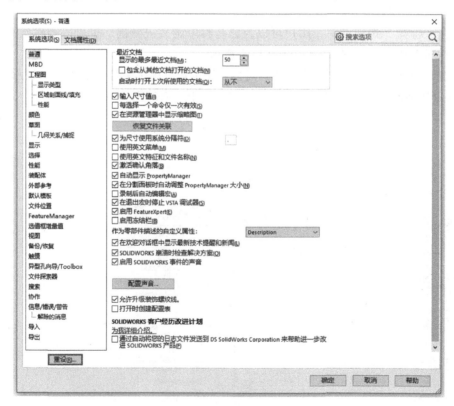

图 1-14　"系统选项"选项卡

- 工程图。"工程图"选项组用于设置创建工程图时所需的功能，主要包括"显示类型"和"区域剖面线/填充"。"显示类型"主要是设置"显示样式""相切边线"

"线框和隐藏视图的边线品质""上色边线视图的边线品质"等，如图 1-15 所示；"区域剖面线/填充"可为任何区域设置剖面线或填充选择的样式，并将其应用到工程图中的草图实体或闭环中，如图 1-16 所示。

图 1-15　"工程图"选项组　　　　　　　　图 1-16　设置剖面线

- 颜色。在"颜色"选项组中可设置工作窗口中的视区背景、顶部/底部渐变颜色、动态高亮显示、所选项目颜色、工程图背景颜色和装配体零件颜色等，如图 1-17 所示。
- 草图。"草图"选项组包括"在零件/装配体草图中显示圆弧中心点"和"提示关闭草图"等选项，如图 1-18 所示。"几何关系/捕捉"于选项组主要设置"激活捕捉""捕捉到模型几何体"及"草图捕捉"等。

图 1-17　"颜色"选项组　　　　　　　　图 1-18　"草图"选项组

- 显示/选择。"显示/选择"选项组可设置"隐藏边线显示状态""隐藏边线选择""零件/装配体上切边显示""在带边线上色模式下显示边线""关联中编辑的装配体透明度"等。

- 性能。"性能"选项组能够控制三维模型的透明度显示、细节层次、配合动画速度、SmartMate 灵敏度。

- 装配体。"装配体"选项组主要用来设置装配过程中相关的装配属性。例如，如果选中"靠拖动来移动零部件"复选框，在装配时就可以用鼠标直接对三维模型进行移动。三维模型装配在装配零件增加时会增大计算机负荷，可以在"大型装配体"子选项组中设置让软件自动隐藏所有基准面、基准轴、曲线、注解，不在上色模式中显示边线等，以减轻计算机的负担，提高装配性能。

2）在"文档属性"选项卡中包含"注解""尺寸""表格""出详图""网格线/捕捉""单位""模型显示""材料属性""图像品质""钣金"和"基准面显示"等选项组如图1-19所示。

图1-19 "文档属性"选项卡

- 注解。"注解"选项组主要包括"零件序号""基准点""形位公差""注释""修订云""表面粗糙度"和"焊接符号"等选项。

- 尺寸。"尺寸"选项组主要包括"角度""角度运行""弧长""倒角""直径""孔标注""线性""尺寸链"和"半径"等选项。可以对"尺寸"选项组所包含的选项进行设置，更改零件标注样式。

- 表格。"表格"选项组主要包括"材料明细表""普通""标题栏表"选项，主要用于设置所包含选项的一些特征属性。
- 出详图。"出详图"选项组主要用来设置在出图时需要显示的选项，主要通过"显示过滤器"选项来设置。
- 网格线/捕捉。"网格线/捕捉"选项组主要用于设置是否在草图或工程图中显示网格线和开启捕捉功能。
- 单位。"单位"选项组主要用于指定显示当前零件、装配体或工程图文档的单位。
- 模型显示。"模型显示"选项组主要用来设置所创建模型特征的颜色。
- 材料属性。"材料属性"选项组主要用于对零件进行材料密度、剖面线的设置。
- 图像品质。"图像品质"选项组主要用于设置上色和草稿品质 HLR/HLV 分辨率、线架图和高品质 HLR/HLV 分辨率。
- 钣金。"钣金"选项组主要用于设置"平板形式"的相关选项。
- 基准面显示。"基准面显示"选项组主要用于设置基准面的正面/背面颜色、透明度，以及交叉线的显示。

📖 在学习初期阶段，建议使用默认设置，后期可以根据自己的使用习惯进行一些设置上的调整，但是一旦使用习惯固定之后就不再建议修改设置，熟悉的设置更能提高绘图效率。

1.4.2 鼠标的基本操作

为了对 SolidWorks 2022 的设计过程有一个更好的了解，本节介绍 SolidWorks 2022 的一些基本操作和术语。利用 SolidWorks 2022 进行三维建模时，离不开对鼠标的操作。鼠标的使用方法与在 Windows 中的使用方法基本相同，只不过在 SolidWorks 2022 中又增加了一个特殊功能——鼠标中键的使用。

1. 左键
- 单击：主要用于选择或放弃实体，选择命令。
- 双击：移动鼠标指针到目标，双击激活目标。
- 拖动：移动鼠标指针到目标，持续按着左键不放，移动鼠标指针到合适的位置，目标即被拖动到该位置。

2. 中键
- 拖动：按着鼠标中键不放，移动鼠标可以使模型旋转。
- 〈Shift〉+中键：主要用于缩放三维模型。
- 〈Ctrl〉+中键：用于平移模型视图。

3. 右键
一般情况下，右键用于操控三维图的视角，详见 1.4.6 节。

1.4.3 新建文件

选择"文件"→"新建"命令，弹出如图 1-20 所示的对话框。新建内容包含零件、装配体、工程图三种类型。如创建三维零件模型，可以选中"零件"选项，单击"确定"按钮完成新文件创建。

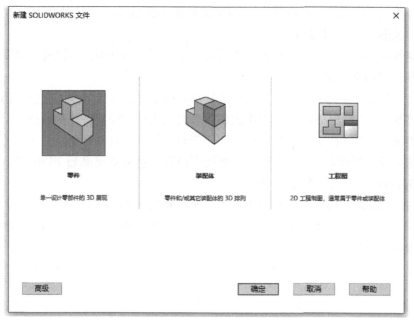

图 1-20 "新建 SOLIDWORKS 文件"对话框

1.4.4 打开文件

SolidWorks 文件的打开方式如下。

1）可以双击 SolidWorks，直接打开 step、deg 等格式文件。

2）可以先打开 SolidWorks 2022 程序，在"文件"菜单中选择"打开"命令，之后在"打开"对话框中选择需要打开的文件，如图 1-21 所示。

图 1-21 "打开"对话框

3）在熟练使用 SolidWorks 2022 之后，可以直接将需要打开的文件拖入已经打开的 SolidWorks 2022 程序中，也可以直接打开 SolidWorks 2022 文件。

1.4.5 保存文件

三维建模完成后就要对文件进行保存，选择"文件"→"保存/另存为"命令，弹出如图 1-22 所示的对话框。选择保存位置，在"文件名"文本框输入文件名，单击"保存"按钮，完成文件保存。

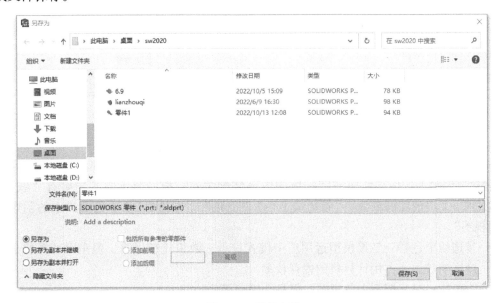

图 1-22 保存文件

1.4.6 关于视图的基本操作

在 SolidWorks 2022 中，可以以不同的视角观察模型，还可以以不同的模型显示方式来观看模型。

1. 视图显示操作

SolidWorks 2022 提供了多种视角的视图方向，包括"上视""下视""左视""右视""前视""后视""等轴测""上下二等角轴测""左右二等角轴测""单一视图""二视图-水平""二视图-竖直"和"四视图"。为了方便观察和设计，也可以单击"正视于"按钮。视图显示操作步骤如下。

1）单击工具栏中"视图定向 🔳 ·"按钮，单击如图 1-23 所示多面体的一个面，即可选择该面作为视图方向。也可按下空格键，弹出如图 1-24 所示的"方向"属性管理器；或者单击工具栏中"视图定向 🔳 ·"按钮右侧的小三角，也可弹出相似的"方向"属性管理器。

2）自定义视图方向，调整好模型角度，单击"方向"属性管理器中的"视图定向"按钮，在弹出的"视图"对话框中输入视图名称，单击"确定"按钮完成自定义视图方向操作。

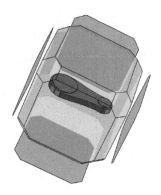

图 1-23　多面体示意图　　　　　　　　图 1-24　"方向"属性管理器

2. 模型显示操作

SolidWorks 2022 提供了多种模型显示方式（图 1-25），选用不同的模型显示方式可以清楚地表达三维模型的内部结构或装配体的内部装配关系。模型显示方式主要有"线架图""隐藏线可见""消除隐藏线""带边线上色""上色""透视图""上色模式中的阴影"和"剖面视图"。

- 带边线上色📦：三维模型运用渲染模式显示，效果比较逼真，但是对计算机运行速度影响较大，占用计算机的内存较多。
- 上色📦：显示模型上色视图，但是会隐藏模型边线。
- 消除隐藏线📦：三维模型以线框模式显示，取消颜色显示，隐藏线不显示。
- 隐藏线可见📦：三维模型以线框模式显示，同样取消颜色显示，隐藏线显示，便于观察。
- 线架图📦：无论隐藏线还是可见线都以相同的实线显示，直观性比较差，不易于观察，但是显示速度较快。
- 剖面视图📦：主要用于显示三维模型沿基准面被剖切开后的视图。单击"剖面视图"按钮，弹出如图 1-26 所示的剖面视图，在图中左侧可以选择各个方向的剖面，或者可以通过旋转零件中间的方向键来改变剖面 X、Y、Z 的方向。

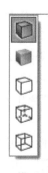

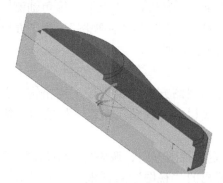

图 1-25　模型显示方式　　　　　　　　图 1-26　剖面视图

　　剖面视图相对于其他视图可以直观看到零件的内部结构，更加详尽、现实地展示零件内部的结构，对于装配体来说可以更加直接地观察到零件的配合关系，属于用户比较常用的功能。

- 透视图：采用透视方式显示模型。
- 上色模式中的阴影：在零件模型中加入阴影。

1.5　思考与练习

1. 思考题

简述 SolidWorks 软件的建模技术特点。

2. 操作题

若要设计的产品造型美观，其中背景颜色和零件颜色决定了人们的视觉，那么如何改变主窗口的背景颜色和零件本身颜色设置呢？

【操作提示】

- 新建文件，并进入零件设计环境。
- 单击菜单栏→"视图"→"显示设置"→"系统颜色"→"布置" 可完成背景设置。
- 单击菜单栏→"视图"→"颜色与外观"→可完成零件颜色设置。

第 2 章　基本草图绘制

本章导读（思维导图）

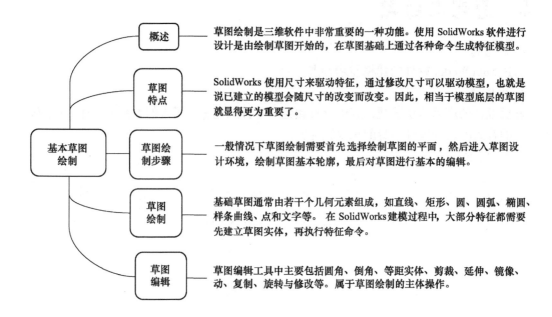

草图绘制是指绘制二维几何图形，用来创建二维截面特征即截面图，它是创建三维零件模型实体特征的基础。要绘制特征，必须绘制二维截面图，一般创建零件实体模型，需要由绘制的截面图来生成。

本章主要介绍草绘环境的建立、激活和退出，约束和定位草图的方法，尺寸标注及其他一些功能。本章主要内容有建立、激活、退出草绘，草绘常用工具、草绘几何约束、倒角和曲线编辑与操作等，向读者介绍 SolidWorks 软件绘制平面草图的一般方法。

2.1　草图概述

草图的绘制是所有三维软件中都很重要的一种功能。无论使用 SolidWorks 软件进行零件设计还是装配体的建立，本质上都是由绘制草图开始的，在草图基础上通过各种命令生成特征模型，进而生成零件图等。因此，草图绘制在 SolidWorks 三维零件的模型生成过程中就像地基一样非常重要，是该软件最基础的功能。本章重点介绍基本草图的绘制、草图的编辑、草图中尺寸的标注和约束，以及草图截面中常见的问题。

2.2　二维图形草绘

在进行草图绘制之前，读者首先要了解草图绘制的基础知识，以便更好地掌握草图绘制和草图编辑的方法。本节主要介绍如何进入草图环境、草图绘制窗口、草图菜单制定、草图绘制步骤及退出草图绘制等内容。

在学习草图绘制之前首先要知道如何进入草图环境。进入草图工作环境有两种方法：一种是基于系统基准面直接进入草图绘制界面；另一种是基于所创建的某些特征的表面进入草图绘制界面。其实选择"草图 └"命令就可以进入草图编辑界面。这两种方法的操作步骤如下。

（1）基于系统基准面直接进入草图绘制界面

1）新建或打开一个零件后，选择"插入"→"草图绘制"命令，打开编辑草图界面，如图 2-1 所示。

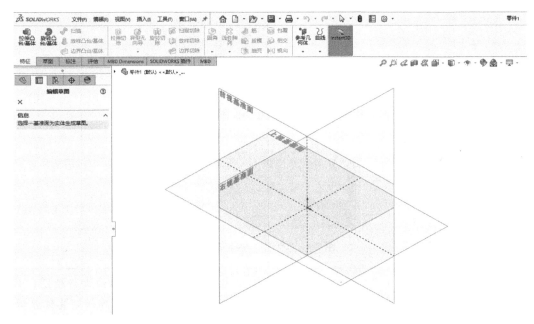

图 2-1　编辑草图界面

2）此时在工作窗口中会呈现出系统基准面（上视基准面、前视基准面和右视基准面），如图 2-2 所示。选择其中一个基准面，然后进入草图绘制界面。当然也可以直接在如图 2-3 所示界面左侧管理区选择合适的基准面之后进行草图绘制（这也是新建草图最简洁、最常用的方式）。

（2）基于所创建的某些特征表面进入草绘环境

1）选择将要生成草图的特征表面，右键单击该表面，弹出快捷菜单。

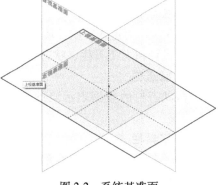

图 2-2　系统基准面

2）选择快捷菜单中的"编辑草图"命令，系统将自动进入草图绘制界面。快捷菜单如图 2-4 所示。

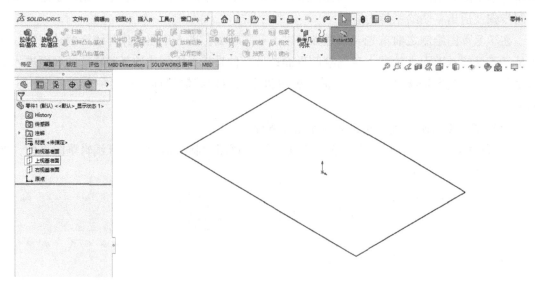

图 2-3　在管理区选择基准面直接进入草图界面

图 2-4　"草图"快捷菜单

如果是需要进行旋转生成的零件，一般选择前视基准面或者右视基准面进行绘图；如果是需要拉伸生成的零件一般选择上视基准面进行绘图。当然，还要具体问题具体分析。

2.2.1　草图绘制的基础知识

1. 草图绘制窗口介绍

图 2-5 所示为进入草图环境后的界面，绘图时常用的命令都集中在草图界面上。草图界面主要由设计树、工具栏、状态栏和菜单栏构成。

（1）状态栏

一般状态栏的数据表示当前界面的草图是否符合标准，一般有"过定义""欠定义""完全定义"等。

（2）工具栏

集中了各种绘制草图命令的快捷按钮，通过单击工具栏中的按钮，可以执行相应的草图命令。快捷按钮通常也是绘图过程中最常用的工具，可以在菜单栏的"工具"菜单中的"自定义选项"中进行更改。

（3）设计树

主要显示鼠标指针的位置、草图编辑的状态及当前所编辑草图的名称。

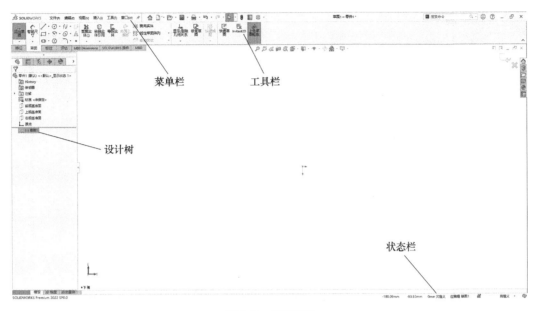

图 2-5　草图界面

(4) 菜单栏

菜单栏包含了草图绘制的所有命令，常用的菜单命令介绍如下。

1) 草图绘制实体。选择"工具"→"草图绘制实体"命令，打开"草图绘制实体"菜单。该菜单主要包括一些草图绘制的常用命令，如绘制直线、矩形和圆等，该菜单主要用于完成草图的绘制。

2) 草图工具。选择"工具"→"草图工具"命令，打开"草图工具"菜单。该菜单主要用于编辑草图，包含剪裁、延伸、镜像、移动、复制和修复草图等命令。

3) 草图设定。选择"工具"→"草图设定"命令，打开"草图设定"菜单。该菜单主要用于对草图环境进行预设置。例如，选择"自动添加几何约束"命令，可以开启自动添加几何约束功能（再次选择会关闭），在绘制草图时，系统会自动添加相应的几何约束。

4) 块。选择"工具"→"块"命令，打开"块"菜单。使用该菜单中的命令可以将草图制作成块，可以对创建好的草图进行编辑、插入等操作。

5) 样条曲线工具。选择"工具"→"样条曲线工具"命令，打开"样条曲线工具"菜单。使用该菜单中的命令可以对样条曲线进行编辑操作，如在样条曲线上插入曲线型值点或套合样条曲线等。

6) 标注尺寸。选择"工具"→"标注尺寸"命令，打开"标注尺寸"菜单。使用该菜单中的命令可以为草图添加尺寸约束，如标注草图特征的尺寸等（在 SolidWorks 默认设置中，在草图界面按住鼠标右键向上拖动就可以进入尺寸编辑）。

2. 草图菜单制定

可以直接在菜单栏中选择"选项"菜单，单击"选择⚙"，弹出"系统选项"对话框，选择"草图"选项并进行设置，如图 2-6 所示。

1) "在创建草图以及编辑草图时自动旋转视图以垂直于草图基准面"复选框：选择此

图2-6　"系统选项"对话框

复选框，当右键单击特征曲面，选择"草图绘制"命令时，草图曲面会自动旋转。这个功能非常好用，建议选中。

2）"使用完全定义草图"复选框：选择此复选框，则草图必须完全定义才能够用来编辑其特征，不建议选中。

3）"在零件/装配体草图中显示圆弧中心点"复选框：选择此复选框，草图中显示圆及圆弧的中心点。

4）"在零件/装配体草图中显示实体点"复选框：选择此复选框，草图实体的端点以实心圆点的方式显示。

5）"提示关闭草图"复选框：选择此复选框，如果生成一个具有开环轮廓且可用模型边线封闭的草图，系统会弹出提示信息"封闭草图至模型边线？"，可选择用模型的边线封闭草图轮廓及方向。

6）"打开新零件时直接打开草图"复选框：选择此复选框，新建一个新零件时会自动选择前视基准面进入草图绘制环境。

7）"尺寸随拖动/移动修改"复选框：选择此复选框，则可以通过拖动草图实体或移动、复制等命令来修改尺寸值，拖动后，尺寸自动更新。此选项虽然会让尺寸更加清晰，但会使得界面比较混乱，看个人习惯选用。

8）"上色时显示基准面"复选框：选择此复选框，在上色模式下编辑草图时，基准面会被着色。

9）"以 3d 在虚拟交点之间所测量的直线长度"复选框：选择此复选框，则在虚拟交点之间测量直线长度，而不是三维草图中的端点。

10）"激活样条曲线相切和曲率控标"复选框：选择此复选框，则为相切和曲率显示样条曲线控标。

11）"默认显示样条曲线控制多边形"复选框：选择此复选框，则显示空间中用于操控对象形状的一系列控标。

12）"拖动时的幻影图像"复选框：选择此复选框，则在拖动草图时显示草图实体原有位置的幻影图像。

13）"显示曲率梳形图边界曲线"复选框：选择此复选框，则会显示草图的边界曲率梳形图。

14）"创建第一个尺寸时按比例缩放草图"复选框：选择此复选框，在草图创建完成后会按照标注的第一个尺寸放大或缩小整个草图，建议选中。

15）"在生成实体时启用荧屏上数字输入"复选框：选择此复选框，则在生成实体时荧屏上会显示数字输入。

16）"过定义尺寸"选项组，可设置如下选项。

- "提示设定从动状态"复选框：选择此复选框，当一个过定义尺寸被添加到草图中时，会弹出对话框询问尺寸是否为"从动"。此复选框可以单独使用，也可以与"默认为从动"复选框配合使用。同时选中，则当一个过定义尺寸被添加到草图中时，会出现 4 种情况之一，即弹出对话框并默认为"从动"、弹出对话框并默认为"驱动"、尺寸以"从动"出现和尺寸以"驱动"出现。

- "默认为从动"复选框：选择此复选框，当一个过定义尺寸被添加到草图时，尺寸默认为"从动"。

17）"当草图包含超过此数量的草图实体时……"复选框：一般用不到，按照默认设置即可。

> 📖 一般情况下，默认设置符合大部分人的使用习惯，可以根据个人习惯和需要进行自主更改。

3. "草图设定"菜单

在菜单栏中选择"工具"→"草图设定"命令，弹出"草图设定"菜单，在此菜单中可以使用草图的各种设定方法，如图 2-7 所示。

1）"自动添加几何关系"选项：在添加草图实体时自动建立几何关系。建议激活。

2）"自动求解"选项：在生成零件时自动求解草图几何体。建议激活。

3）"激活捕捉"选项：可激活快速捕捉功能。建议激活。

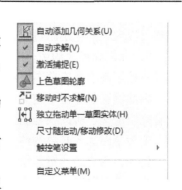

图 2-7　"草图设定"菜单

4)"上色草图轮廓"选项：在草图绘制时，出现封闭二维图时，会进行上色。建议激活。

5)"移动时不求解"选项：可在不解出尺寸或几何关系的情况下，在草图中移动草图实体。

6)"独立拖动单一草图实体"选项：可以从实体中拖动单一草图实体。

7)"尺寸随拖动/移动修改"选项：拖动草图实体或在"移动""复制"属性管理器中将其移动以覆盖尺寸。

8)"触控笔设置"选项：一般用不到。

4. 草图网格线和捕捉

当草图或工程图处于激活状态时，可选择在当前的草图或工程图上显示网格线。由于SolidWorks 是参数化设计，所以草图网格线和捕捉功能并不像 AutoCAD 那么重要，在大多数情况下不需要使用该功能。

2.2.2 草图绘制的基本步骤

由于二维草图是特征建模的基础，因此构建合理的草图对于模型的整体设计而言非常重要，草图安排是否得当对于后期产品装配和制作工程图都会有一定的影响。一般情况下，绘制草图可以遵循下面的步骤。

1)选择绘制草图的平面。三维设计时，所有草图的绘制都是基于平面的，这些平面平行于零件模型的投影面，所以在绘制草图前必须设置好草图所依附的参考平面。对于系统提供的基准平面和辅助基准平面，可以通过特征管理器选取，被选择的平面会高亮显示。对于模型表面，必须直接在模型面上选择。

2)进入草图设计环境。草图必须在草图设计环境中进行设计，所以选择好要绘制的草图平面后，就可进入草图设计环境。

3)绘制草图基本轮廓。在草图设计环境中，根据要求，利用"草图"工具栏中提供的命令按钮绘制草图。绘制前要先考虑草图放置在当前二维坐标系中的大致位置，然后根据草图形状，考虑有没有必要采用镜像、阵列等提高设计效率的手段，再进行绘制。绘制时应先绘制出草图的大致轮廓，再进行精确修改。另外，在绘制过程中，要充分利用系统的动态导航功能，这样可以大大提高绘制效率。

4)对草图进行基本的编辑。大致轮廓绘制完成后，再绘制必要的小图素，如倒角、圆角等；对于多个重复的图素或对称的图素，尽量使用"复制""镜像"和"阵列"等命令，这样可以大大简化绘图过程，节省时间。

5)几何和尺寸约束。为什么需要绘制的只是草图的形状，而不是像二维 CAD 软件绘图那样直接绘制出准确草图？答案很简单，因为 SolidWorks 2022 草图绘制采用的是参数化技术，因此没有必要完全定义草图，这样当草图出现问题时修改起来更灵活。当然，由于草图没有完全定义，所以在拖动某个图素时，草图经常会出现变形，为此，在前面的步骤都完成后，要为草图加入必要的约束。把与用户设计意图相关的草图关系确定下来。

例如，用户的本意是绘制一个正方形，但是正方形绘制完成后因没有加入必要的几何约束，当拖动线段时，会发生变形，成为如图 2-8a 所示的不规则四角形。所以为了保证设计者的意图，必须加入必要的角度约束。如图 2-8b 所示，拖动线段时，即使变形，仍然能保证是正方形。

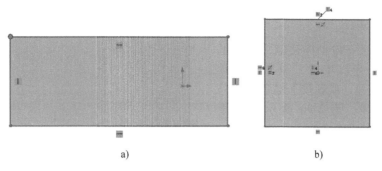

a)   b)

图 2-8   正方形必要约束

草图绘制完成后，可立即建立特征，也可以退出草图绘制后再建立特征。有些特征的建立需要多个草图，如扫描实体等，因此需要了解退出草图绘制状态的方法。退出草图绘制状态的方法主要有如下 4 种。

1）使用菜单方式：选择"插入"→"退出草图"命令，即可退出草图绘制状态。

2）利用工具按钮方式：单击"草图"工具栏中的"退出草图"按钮，退出草图绘制状态。

3）利用快捷菜单方式：在图形区右键单击，打开快捷菜单，单击快捷菜单中的"退出草图"按钮，退出草图绘制状态。

4）通过单击图形区确认角落的"退出草图按钮"，退出草图绘制状态（最常用退出草图绘制状态方式）。

2.3   草图绘制

基础草图通常由若干个几何元素组成，如直线、矩形、圆、圆弧、椭圆、样条曲线、点和文字等。在 SolidWorks 建模过程中，大部分特征都需要先建立草图实体，再执行特征命令，因此本节的内容非常重要。

如果需要删除草图的某个元素如点、线或者圆，只需选中要删除的元素（可以单击，也可以鼠标左键拖拽选中需要的多个元素），按下〈Delete〉键就可以了。

注意：如果是鼠标从左上向右下选择，需要将所选元素全部划入选择区域才可以选中；如果是从右下向左上选择，只需要所画的矩形碰到需要删除元素即可选中。

2.3.1   点的绘制

点在草图中主要起参照作用，在绘制直线、圆弧和样条曲线等几何图形时都可以参照点几何来创建。绘制点的步骤如下。

1）选择"工具"→"草图绘制实体"→"点"命令（也可以在"草图"工具栏中单击"点"按钮，进行创建）。

2）在需要创建点的位置单击。

3）在草图界面左侧的"点"属性管理器中修改点的坐标。

4）此时"点"命令保持激活，可继续插入点，也可再次单击"草图"工具栏中的"点"按钮，或者按下键盘〈Esc〉键完成点的创建。图 2-9b 所示为使用"点"命令绘制的多个点。

"点"属性管理器包括"现有几何关系""添加几何关系"和"控制顶点参数"三个选项组，如图 2-9a 所示。其他的图素也有相似的属性管理器。

1）"现有几何关系"选项组。显示已有的几何关系，如"重合"或"中点"

a)   b)

图 2-9   "点"命令绘制的多个点

等，以及显示所选点参照的草图实体信息，如"欠定义"或"完全定义"等。

2）"添加几何关系"选项组。添加几何关系至所选择的实体，此时，系统会自动列出可以使用的几何关系，供用户选择。

3）"控制顶点参数"选项组。x 坐标 x：定义点的 x 坐标值。y 坐标 y：定义点的 y 坐标值。

2.3.2　直线的绘制

在组成草图截面的几何元素中，以直线系列的几何元素最为常见。直线系列的几何元素包括直线与中心线，涉及直线形态的特征都会用到直线，中心线多用于特征参照，如对称草图、镜像草图等。绘制直线的步骤如下。

1）选择"工具"→"草图绘制实体"→"直线"命令（也可以在"草图"工具栏中单击"直线"按钮，进行创建），弹出"插入线条"属性管理器，如图 2-10 所示。

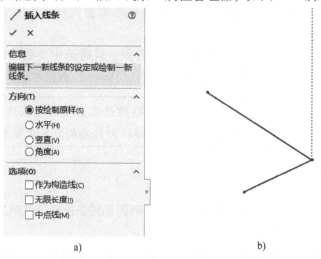

a)   b)

图 2-10   "直线"命令绘制的多条直线

2）在"插入线条"属性管理器中定义直线的方向（可以用来绘制水平、竖直或者斜）和设置选项，然后在绘图窗口中定义直线的起点与终点，鼠标左键拖拽即可。

3）在绘图窗口中右键单击，在弹出的快捷菜单中选择"结束链"命令，结束直线的绘制（也可以使用〈Esc〉键结束直线绘制）。

4）在绘图窗口中定义起点和终点可以进行首尾相连直线的绘制，也可以在绘图窗口中右键单击，在弹出的快捷菜单中选择"选择"命令来结束直线的绘制。

当完成直线绘制后，单击绘图窗口中需要特殊定义的直线，将在界面左侧弹出"线条属性"属性管理器，如图2-11a所示。在该属性管理器中可以修改直线的相关几何和尺寸参数。单击"确认"按钮，完成线条属性的修改。

（1）"现有几何关系"选项组

显示现有几何关系，及草图绘制过程中系统自动推理或使用"添加几何关系"选项组手动生成的现有几何关系。该选项组还显示所选草图实体的状态信息，如"欠定义"和"完全定义"等。

（2）"添加几何关系"选项组

可将新的几何关系添加到所选草图实体中，图2-11中只列举了所选直线实体可使用的几何关系，如"水平""竖直"和"固定"。

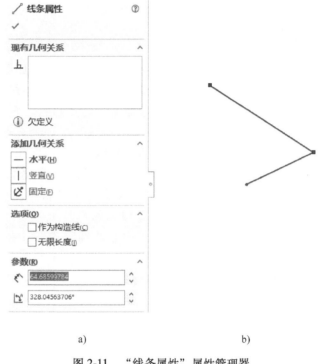

a)   b)

图2-11   "线条属性"属性管理器

（3）"选项"选项组

1）"作为构造线"复选框：可将实体直线转化为构造几何体的直线。

2）"无限长度"复选框：可以生成一条可剪裁的无限长直线。

（4）"参数"选项组

1）"长度"文本框：设置直线的长度。

2）"角度"文本框：设置相对于网格线的角度，水平角度为180°，竖直角度为90°，且逆时针方向为正向。

（5）"额外参数"选项组

1）"开始X坐标"文本框：开始点的 x 坐标。

2）"开始Y坐标"文本框：开始点的 y 坐标。

3）"结束X坐标"文本框：结束点的 x 坐标。

4）"结束Y坐标"文本框：结束点的 y 坐标。

5）"ΔX"文本框：开始点和结束点 x 坐标之间的偏移。

6）"ΔY"文本框：开始点和结束点 y 坐标之间的偏移。

在进行直线的绘制中除了上述介绍的首尾定义的直线外，还有中心线以及中点线，如图 2-12 所示。

1）"中心线"：一般用于确定图形相对位置，在旋转体中常用。

2）"中点线"：与首尾直线相似，但是用鼠标拖拽时出现的是直线的中点和直线的一个端点，SolidWorks 会自动镜像出另外半条直线。一般用于对称草图的绘制。

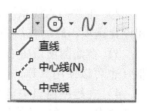

图 2-12　直线类型展示

2.3.3　圆的绘制

选择"圆"命令，弹出"圆"属性管理器，如图 2-13 所示。从"圆"属性管理器中可看出，可以通过两种方式来绘制圆。一是基于中心的圆；二是绘制基于周边的圆。下面分别介绍绘制圆的两种方法。

（1）绘制基于中心的圆的操作步骤

1）在草图绘制状态下，选择"工具"→"草图绘制实体"→"圆"命令，或者单击"草图"工具栏中的"圆"按钮，此时弹出"圆"属性管理器，如图 2-13 所示。

图 2-13　"圆"属性管理器

2）系统会默认选择"基于中心的圆"选项，在绘图窗口中单击一点，确定圆心的位置。

3）按住鼠标不松，移动鼠标指针拖出一个圆，在合适位置松开鼠标，确定圆的半径。

4）在"圆"属性管理器"半径"文本框中输入圆的半径，如图 2-14 所示，右键单击绘图窗口，在打开的快捷菜单中单击"选择"按钮，完成圆的绘制。

（2）绘制基于周边的圆的操作步骤

1）选择"工具"→"草图绘制实体"→"周边圆"命令，或者单击"草图"工具栏中的"圆"按钮，开始绘制圆。

2）在绘图窗口中单击一点作为圆周边上的一点。

3）移动鼠标指针拖出一个圆，单击确定周边上的另一点。

4）移动鼠标指针确定圆的第三点，此时弹出"圆"属性管理器。

5）输入圆的半径，单击"圆"属性管理器中的"确认"按钮，完成圆的绘制。

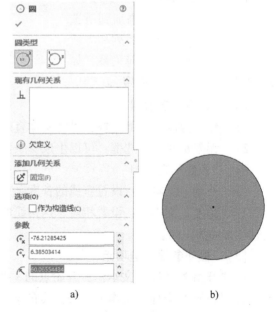

a)　　　　　　　　　　b)

图 2-14　圆展示

圆绘制完成后，可以通过拖动修改圆草图。通过左键拖动圆的弧线可以改变圆的半径，拖动圆的圆心可以改变圆的位置。同时，也可以通过"圆"属性管理器来修改圆的属性，通过属性管理器中"参数"选项组修改圆心坐标值及圆的半径。绘制过程如图 2-15 所示。

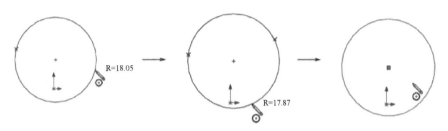

图 2-15　周边圆的绘制过程

2.3.4　圆弧的绘制

绘制圆弧的方法主要有三种，即圆心/起/终点画弧、切线弧、三点圆弧。下面分别介绍这三种绘制圆弧的方法。

1. 圆心/起/终点画弧

圆心/起/终点画弧方法是先指定圆弧的圆心，然后按一定顺序拖动鼠标指针指定圆弧的起点和终点，确定圆弧的大小和方向。

1）在草图状态下，选择"工具"→"草图绘制实体"→"圆心/起/终点画弧"命令，或者单击"草图"工具栏中的"起点/起/终点画弧"按钮，弹出"圆弧"属性管理器，如图 2-16 所示。

2）在绘图窗口中单击一点确定圆弧的圆心。

3）移动鼠标指针并在绘图窗口合适的位置单击以确定圆弧的起点。

4）按照一定方向移动鼠标指针以确定圆弧的角度和半径，并在合适位置单击。

5）此时弹出"圆弧"属性管理器，输入圆弧的半径，并单击"圆弧"属性管理器中的"确认"按钮，完成圆弧的绘制。绘制过程如图 2-17 所示。

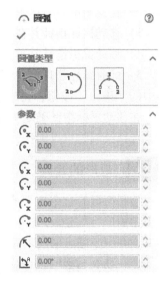

图 2-16　"圆弧"属性管理器

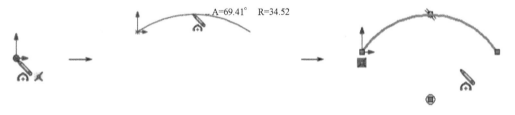

图 2-17　圆弧的绘制过程

注意：在用圆心/起/终点画弧方法绘制过程的第二步中，有时会出现一个整圆的情况，此时用鼠标围绕圆心绕两圈就可以了。

2. 切线弧

切线弧是指生成一条与草图实体相切的弧线。草图实体可以是直线、圆弧等。

1）选择"工具"→"草图绘制实体"→"切线弧"命令，或者直接在"草图"工具栏中单击"切线弧"按钮，系统弹出"圆弧"属性管理器。

2）在已经存在草图实体的端点处单击，确定圆弧的起点。

3）在绘图窗口中移动鼠标指针并在合适的位置单击，确定圆弧的形状。

4）单击"圆弧"属性管理器中的"确认"按钮，完成切线弧的绘制。

绘制切线弧时，鼠标指针移动的方向会影响绘制圆弧的样式，因此在绘制切线弧时，鼠标指针需要沿着产生圆弧的方向移动。

3. 三点圆弧

三点圆弧是指通过起点、终点、中点的方式绘制圆弧。

1）选择"工具"→"草图绘制实体"→"三点圆弧"命令，或者单击"草图"工具栏中的"三点圆弧"按钮，弹出"圆弧"属性管理器。

2）在绘图窗口中单击一点作为圆弧的起点。

3）移动鼠标指针并在合适的位置单击作为圆弧的终点。

4）移动鼠标指针并单击一点来确定圆弧的半径和方向。

5）此时属性管理器中的"参数"选项组会被激活，输入圆弧的半径，并单击属性管理器中的"确认"按钮，完成三点圆弧的绘制。

在移动鼠标指针确定中点的时候，系统会自动捕捉圆弧为 90° 的状态。当圆弧绘制完成后，选择绘制的三点圆弧，可以在"圆弧"属性管理器中修改其属性。

2.3.5　矩形的绘制

绘制矩形的命令主要有"边角矩形""中心矩形""三点边角矩形""三点中心矩形"及"平行四边形"五种。下面分别介绍绘制矩形的不同方法。

1. "边角矩形"命令绘制矩形

"边角矩形"命令绘制矩形的方法是标准的矩形草图绘制方法，即指定矩形的左上与右下的角点以确定矩形的长度和宽度。

1）选择"工具"→"草图绘制实体"→"矩形"命令，或者单击"草图"工具栏中的"矩形"按钮，弹出"矩形"属性管理器，如图 2-18 所示。

2）在绘图窗口中单击一点作为矩形的一个角点。

3）在绘图窗口中移动鼠标指针，确定矩形的另一个角点。

4）此时"矩形"属性管理器中会出现"现有几何关系""添加几何关系"等选项组，如图 2-19 所示。在"参数"选项组中可以输入四个角点的坐标值，单击"确认"按

图 2-18　"矩形"属性管理器

钮，完成矩形的绘制。

矩形绘制完成后，按住鼠标左键拖动矩形的任意一个角点，可以动态地改变矩形的尺寸，也可以在属性管理器中改变其参数。

2. "中心矩形"命令绘制矩形

"中心矩形"命令绘制矩形的方法是指定矩形的中心点和四个角点的任意一个来进行矩形的绘制。

1）选择"工具"→"草图绘制实体"→"中心矩形"命令，或单击"草图"工具栏中的"中心矩形"按钮，弹出"矩形"属性管理器。

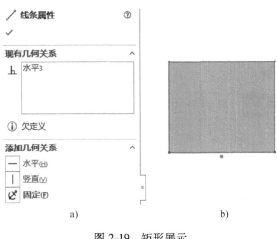

图 2-19　矩形展示

2）在绘图窗口中单击一点作为矩形的中心点。

3）移动鼠标指针，单击确定矩形的一个角点。

4）单击"矩形"属性管理器中的"确认"按钮，矩形绘制完毕。

3. "三点边角矩形"命令绘制矩形

"三点边角矩形"命令是通过指定 3 个点来确定矩形，前面两个点定义角度和一条边，第 3 点确定另一条边。其实与"边角矩形"命令非常相似。

1）选择"工具"→"草图绘制实体"→"三点边角矩形"命令，或者单击"草图"工具栏中的"三点边角矩形"按钮。

2）在绘图窗口中单击一点，确定矩形的边角点。

3）移动鼠标指针，单击确定矩形的另一个边角点。

4）继续移动鼠标指针，单击确定矩形的第 3 个边角点。

5）单击"矩形"属性管理器中的"确认"按钮，完成矩形的绘制。

4. "三点中心矩形"命令绘制矩形

"三点中心矩形"命令用中心点和两个边角点来确定一个矩形。

1）选择"草图"→"草图实体工具"→"三点中心矩形"命令，或者单击"草图"工具栏中的"三点中心矩形"按钮。

2）此时弹出"矩形"属性管理器，在绘图窗口中单击一点作为矩形的中心点。

3）移动鼠标指针，在绘图窗口中单击一点作为矩形一条边线长度距离的一半。

4）继续移动鼠标指针，在绘图窗口中单击一点作为矩形的一个角点。

5）单击"矩形"属性管理器的"确认"按钮，完成矩形的绘制。

5. "平行四边形"命令

"平行四边形"命令既可以生成平行四边形也可以生成矩形。

1）选择"工具"→"草图绘制实体"→"平行四边形"命令，或者单击"草图"工具栏中的"平行四边形"按钮。

2）在绘图窗口中单击一点，作为平行四边形的一个角点。

3）移动鼠标指针，在合适的位置单击一点，作为平行四边形的第 2 个角点。

4）继续移动鼠标指针，在合适的位置单击一点，作为平行四边形的第 3 个角点，此时会有虚线显示成形后的图形。

5）在"矩形"属性管理器中设置参数，然后单击"确认"按钮，完成平行四边形的绘制。

2.3.6 多边形的绘制

"多边形"命令用于绘制边数为 3～40 之间的等边多边形，绘制多边形的步骤如下。

1）在草图绘制状态下，选择"工具"→"草图绘制实体"→"多边形"命令，或者单击"草图"工具栏中的"多边形"按钮，弹出"多边形"属性管理器，如图 2-20 所示。

2）在"多边形"属性管理器中输入多边形的边数，也可以接受系统默认的边数，在绘制完多边形后再修改多边形的边数。

3）在绘图窗口中单击一点作为多边形的中心。

4）移动鼠标指针，在合适的位置单击，确定多边形形状。

5）在"多边形"属性管理器中选择是"内切圆"或"外接圆"模式，然后修改多边形辅助圆直径及角度。

6）如果还要绘制另一个多边形，单击属性管理器中的"新多边形"按钮，然后重复步骤 2）～5）即可。

多边形有"内切圆"和"外接圆"两种绘制方式，两者的区别主要在于标注方法的不同。内切圆是表示圆中心到各边的距离，外接圆是表示圆中心到多边形角点的距离。图 2-21 所示为多边形展示。

图 2-20　"多边形"属性管理器

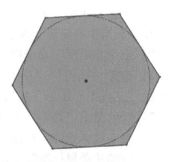

图 2-21　多边形展示

2.3.7 椭圆与部分椭圆的绘制

椭圆系列几何中除了整椭圆外，还有部分椭圆。整椭圆与部分椭圆的创建方法相似。

1. 绘制椭圆

1）选择"工具"→"草图绘制实体"→"椭圆（长短轴）"命令。或者单击"草图"工具栏中的"椭圆"按钮（此时并不会像上述的其他图形的绘制一样弹出"椭圆"属性管理器）。

2）在绘图窗口中单击一点放置椭圆中心。

3）移动鼠标指针并单击一点定义椭圆的长轴（或短轴）。

4）移动鼠标指针并再次单击一点定义椭圆的短轴（或长轴）。

5）在"椭圆"属性管理器中设置椭圆的属性，单击"确认"按钮，完成椭圆的绘制，如图 2-22 所示。

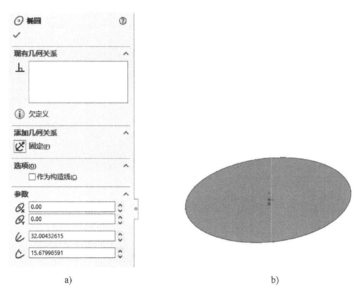

a)   b)

图 2-22　椭圆展示

2. 绘制椭圆弧

1）选择"工具"→"草图绘制实体"→"部分圆弧"命令，或者单击"草图"工具栏中的"部分椭圆"按钮。

2）在绘图窗口中单击一点确定椭圆的中心位置。

3）移动鼠标指针并单击以定义椭圆的第 1 个轴。

4）继续移动鼠标指针并单击以定义椭圆的第 2 个轴。

5）围绕椭圆移动鼠标指针，单击两点作为椭圆弧的起点和终点。

6）在"椭圆"属性管理器中设置椭圆弧的属性，单击"确认"按钮，完成椭圆弧的绘制。

部分椭圆的绘制前半部分与椭圆的绘制基本相同，只是要选择整个椭圆的一部分作为部分椭圆。

3. 绘制抛物线

抛物线的绘制方法：先确定抛物线的焦点，然后确定抛物线的焦距，最后确定抛物线的起点和终点。

1）在草图绘制状态下，选择"工具"→"草图绘制实体"→"抛物线"命令，或者单击"草图"工具栏中的"抛物线"按钮。

2）在绘图窗口中单击一点作为抛物线的焦点。

3）移动鼠标指针，在图中合适的位置单击一点确定抛物线的焦距。

4）移动鼠标指针，在图中合适的位置单击一点作为抛物线的起点。

5）继续移动鼠标指针，在图中合适的位置单击一点作为抛物线的终点，此时"抛物线"属性管理器中的"参数"选项组会被激活，可以根据需要设定抛物线的参数，如图2-23所示。

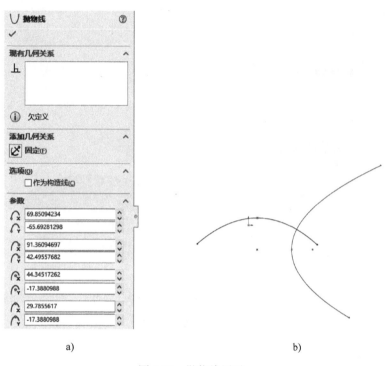

a)   b)

图 2-23　抛物线展示

4. 绘制样条曲线

系统提供了强大的样条曲线功能。样条曲线的绘制至少需要两个点，并且可以在端点指定相切。

1）在草图绘制状态下，选择"工具"→"草图绘制实体"→"样条曲线"命令，或者单击"草图"工具栏中的"样条曲线"按钮。

2）移动鼠标指针，在绘图窗口中的合适位置单击一点作为样条曲线上的第1点。

3）重复步骤2），确定样条曲线上的其他点。

4）按〈Esc〉键，或者双击退出样条曲线的绘制。

"样条曲线"属性管理器如图2-24a所示，在"参数"选项组中可以对样条曲线的各种参数进行修改。

选择要修改的样条曲线，此时样条曲线上会出现点，按住鼠标左键拖动这些点就可以实现对样条曲线的修改。图2-25所示为样条曲线的修改过程，图2-25a为修改前的图形，图2-25b为修改后的图形。

确定样条曲线形状的点称为型值点，即除样条曲线端点以外的点。在样条曲线绘制以后，还可以插入一些型值点。右键单击样条曲线，在弹出的快捷菜单中选择"插入样条曲线型值点"命令，然后在需要添加的位置单击即可。

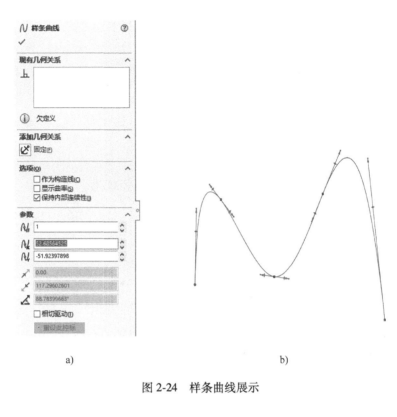

a)   b)

图 2-24　样条曲线展示

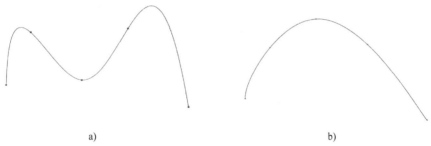

a)   b)

图 2-25　样条曲线的修改过程

a）修改前　b）修改后

若要删除样条曲线上的型值点，可单击要删除的点，然后按〈Delete〉键即可。

样条曲线的编辑还有其他一些功能，如显示样条曲线控标、显示拐点、显示最小半径与显示曲率检查等，在此不一一介绍，读者可以右键单击，在弹出的快捷菜单中选择相应的命令进行练习。

2.3.8　创建草图文字

草图文字可以在零件特征面上添加，用于拉伸和切除，形成立体效果。文字可以添加在任何连续曲线或边线组中，包括由直线、圆弧或样条曲线组成的圆或轮廓，如图 2-26 所示。

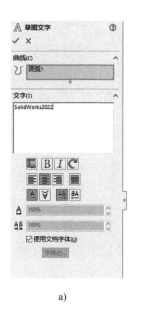

a)

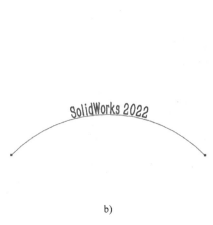

b)

图 2-26 "文字"创建展示

2.3.9 圆角或倒角的绘制

使用绘制圆角或者倒角工具可将两个草图实体的交叉处剪裁掉角部，生成一个与两个草图实体都相切的圆弧或者生成一条折线。绘制圆角或者倒角的过程如下。

1）在草图绘制状态下，选择"工具"→"草图工具"→"圆角/倒角"命令，或者单击"草图"工具栏中的"绘制圆角/倒角"按钮，系统弹出"绘制圆角/倒角"属性管理器，如图 2-27 所示。

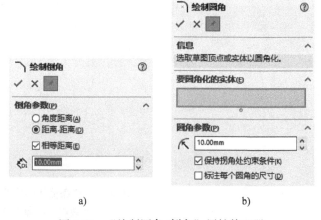

a)   b)

图 2-27 "绘制圆角/倒角"属性管理器

2）在"绘制圆角"属性管理器中设置圆角的半径。如果顶点具有尺寸或几何关系，选中"保持拐角处约束条件"复选框，将保留虚拟交点。如果不选该复选框，且顶点具有尺寸或几何关系，系统会询问是否想在生成圆角时删除这些几何关系。而选中"角度距离"或"距离-距离"选项绘制倒角的过程并不相同。

3）设置好"绘制圆角/倒角"属性管理器后，选择草图中相交需要生成圆角/倒角的两条直线。

4）单击"绘制圆角"属性管理器中的"确认"按钮口，完成圆角的绘制，如图 2-28 所示。

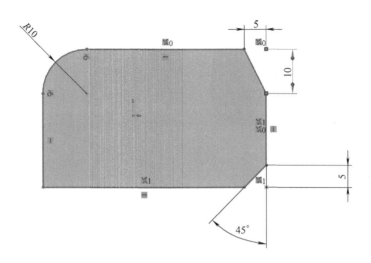

图 2-28　圆角、倒角绘制展示

📖 以"距离-距离"设置方式绘制倒角时，如果设置的两个距离不相等，选择不同草图实体的次序不同，绘制结果也不相同。

2.4　草图绘制常用工具

本节主要介绍草图绘制常用工具，主要包括转换实体引用、草图剪裁和延伸、分割草图、草图镜像、草图线性阵列和圆周阵列等。

2.4.1　转换实体引用

转换实体引用是指通过已有的模型或草图，将其边线、环、面、曲线、外部草图轮廓线、一组边线或一组草图曲线投影到草图基准面上。通过这种方式，可以在草图基准面上生成一个或多个草图实体。使用该命令时，如果引用的实体发生更改，那么转换的草图实体也会相应改变。

1）在特征管理器中，选择要添加草图的基准面，然后单击"草图"工具栏中的"草图"按钮，进入草图绘制状态。

2）选择"工具"→"草图工具"→"转换实体引用"命令，或者单击"草图"工具栏中的"转换实体引用"按钮，系统弹出"转换实体引用"属性管理器，执行"转换实体引用"命令。

3）鼠标左键选择要进行转换实体的边线目标。

4）单击"转化实体引用"属性管理器中的"确认"按钮，完成"转换实体引用"命令的执行。图 2-29 为转换实体引用展示。图 2-29b 中所示深色线条即为"转化实体引用"命令所引用出来的线条，可以直接用作基准或者用于定位。

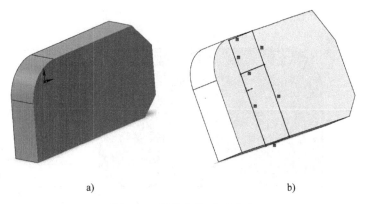

a)　　　　　　　　　　　　　b)

图 2-29　转换实体引用展示

2.4.2 草图剪裁和延伸

1. 草图剪裁

1) 在草图模式下，单击"草图"工具栏中的"剪裁实体"按钮，弹出"剪裁"属性管理器，如图 2-30 所示。

2) 在属性管理器中可以选择剪裁实体的模式，有"强劲剪裁""边角""在内剪除""在外剪除"与"剪裁到最近端"5种类型。

3) 使用不同方法完成草图的剪裁操作，然后单击"确认"按钮。草图剪裁是常用的编辑命令，执行草图剪裁命令时，系统弹出"剪裁"属性管理器，根据剪裁草图实体的不同，可以选择不同的剪裁模式，下面介绍不同类型的草图剪裁模式。

- 强劲剪裁：通过将鼠标指针拖动每个草图实体来剪裁草图实体。

- 边角：剪裁两个草图实体，直到它们在虚拟边角处相交。

- 在内剪除：剪裁位于两个边界实体内的草图实体。

- 在外剪除：选择两个边界实体，然后选择要剪裁的实体，剪裁位于两个边界实体外的草图实体，如图 2-31 所示。

- 剪裁到最近端：将一个草图实体剪裁到最近端交叉实体。

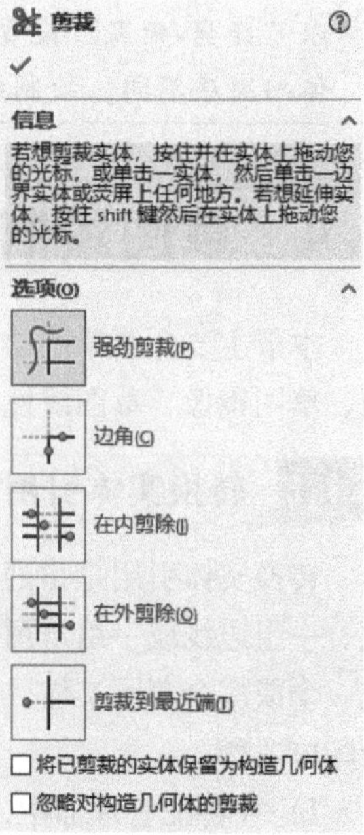

图 2-30　"剪裁"属性管理器

2. 草图延伸

当草图几何长度不够时，应延伸草图几何。在延伸过程中，被延伸几何以延伸端最靠近且具有相交趋势的几何元素作为延伸目标，没有延伸目标将无法延伸对象。

1) 在草图绘制模式下，选择"工具"→"草图工具"→"延伸"命令，或者单击工具栏中的"延伸实体"按钮，进入草图延伸状态。

2) 单击要进行延伸的直线。

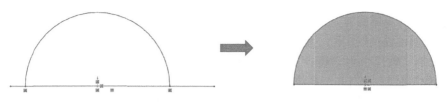

图 2-31　剪裁展示

3）按〈Esc〉键，退出延伸实体状态。延伸的操作过程如图 2-32 所示。

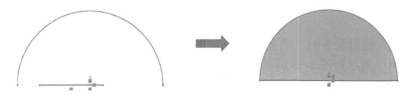

图 2-32　延伸实体展示

在延伸草图实体时，如果两个方向都可以延伸，而只需要单一方向延伸时，单击延伸方向一侧的实体部分即可实现。在执行该命令过程中，实体延伸的结果在预览时会以红色显示。

2.4.3　分割草图

分割草图是指将一连续的草图实体分割成两个草图实体，以方便进行其他操作。反之，也可以删除一个分割点，将两个草图实体合并为一个单一的草图实体。

1）在草图编辑状态下，选择"工具"→"草图工具"→"分割实体"命令，或者单击"草图"工具栏中的"分割实体"按钮（在系统默认的"草图"工具栏中没有"分割"命令）。

2）在所要分割的线条上的合适位置单击一点，此时该线条将被分割为两段。

3）按〈Esc〉键，退出分割实体状态。分割实体的操作过程如图 2-33 所示。

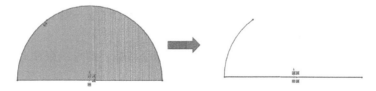

图 2-33　分割草图展示

在草图编辑状态下，如果欲将两个草图实体合并为一个草图实体，单击分割点，然后按〈Delete〉键即可。

2.4.4　草图镜像

在绘制草图时，经常要绘制对称的图形，这时可以使用"镜像实体"命令来实现。在 SolidWorks 中，镜像不限于构造线，它可以是任意类型的直线。SolidWorks 提供了两种镜像方式：一种是镜像现有草图实体，另一种是动态镜像草图实体。下面分别介绍。

1. 镜像现有草图实体

1）在草图绘制状态下，选择"工具"→"草图工具"→"镜像"命令（软件中为"镜向"），或者单击"草图"工具栏中的"镜像实体"按钮，系统弹出"镜像"属性管理器，如图 2-34 所示。

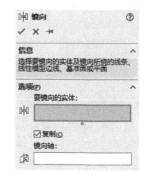

2）单击属性管理器中的"要镜像的实体"列表框，然后在图形区选择要镜像的实体。

3）单击属性管理器中的"镜像轴"列表框，然后在图形区选取中心线。

4）单击属性管理器中的"确认"按钮，草图实体镜像完毕。"镜像实体"展示如图 2-35 所示。

图 2-34　"镜像"属性管理器

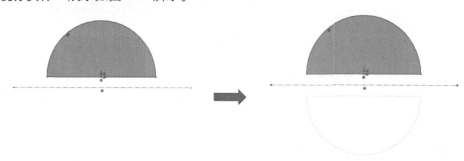

图 2-35　镜像实体展示

2. 动态镜像草图实体

动态镜像草图的操作步骤如下。

1）在草图绘制状态下，在绘图窗口区绘制一条中心线，并选取它。

2）选择"工具"→"草图工具"→"动态镜像"命令，或者单击工具栏"动态镜像实体"按钮（在系统默认的"草图"工具栏中没有"动态镜像"命令），此时对称符号出现在中心线的两端。

3）单击"草图"工具栏中的任一命令绘制实体，此时另一侧会动态地镜像出绘制的草图。

4）草图绘制完毕后，再次单击工具栏中的该命令按钮，即可结束该命令的使用。

2.4.5　草图线性阵列和圆周阵列

1. 草图线性阵列

草图线性阵列是指将草图实体沿一条或两条轴复制生成多个排列图形。

1）在草图编辑状态下，选择"工具"→"草图工具"→"线性阵列"命令，或者单击"草图"工具栏中的"草图线性阵列"按钮，系统弹出"线性阵列"属性管理器，如图 2-36 所示。

2）单击"要阵列的实体"列表框，在绘图窗口中选取要进行阵列的草图实体。

3）分别设置实体沿 X 轴和 Y 轴要进行阵列的数目、距离和角度。

4）设置完成后，单击属性管理器中的"确认"按钮，完成草图线性阵列操作。

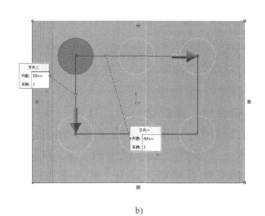

a)　　　　　　　　　　　　　　　　b)

图 2-36　线性阵列展示

2. 草图圆周阵列

草图圆周阵列是指将草图实体沿一个指定大小的圆弧进行环状阵列。

1）在草图绘制状态下，选择"工具"→"草图工具"→"圆周阵列"命令，或者单击"草图"工具栏中的"圆周阵列"按钮，系统弹出"圆周阵列"属性管理器，如图 2-37 所示。

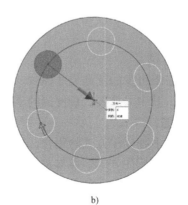

a)　　　　　　　　　　　　　　　　b)

图 2-37　圆周阵列展示

2）单击"圆周阵列"属性管理器中的"要阵列的实体"列表框，在绘图窗口中选取要进行圆周阵列的草图。

3）设置圆周阵列中的相关参数，在"参数"选项组中指定圆心，在"数量"文本框中输入要阵列的数目。

4）设置完成后，单击属性管理器中的"确认"按钮，完成草图圆周阵列操作。

2.4.6 草图实体变动

草图实体变动一般有"移动实体""复制实体""旋转实体""缩放实体比例""伸展实体"等选项，如图2-38所示。

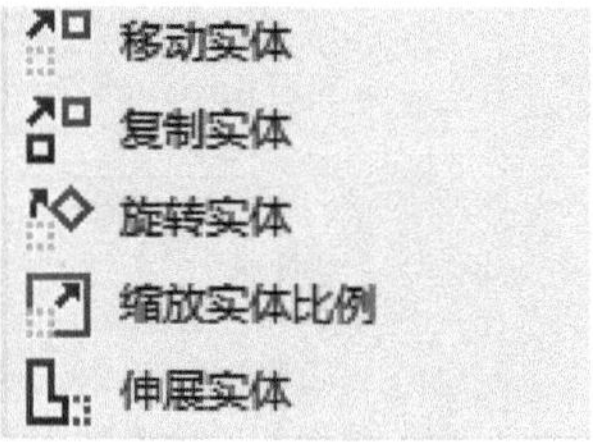

1）"移动实体"草图命令可将一个或多个草图实体进行移动。执行该命令时，系统会弹出"移动"属性管理器。在"移动"属性管理器中，"要移动的实体"列表框用于选取要移动的草图实体；"参数"选项组中的"从/到"单选项用于指定移动的开始点和目标点，是一个相对参数；如果在"参数"选项组中选择"X/Y"单选项，会弹出新的对话框，在其中输入相应的参数即可按设定的数值生成相应的目标。

移动实体
复制实体
旋转实体
缩放实体比例
伸展实体

图 2-38 草图实体变动选项

2）"复制实体"草图命令可将一个或多个草图实体进行复制。执行该命令时，系统弹出"复制"属性管理器。"复制"属性管理器中的参数与"移动"属性管理器中的参数意义相同，这里不再赘述。

3）"旋转实体"草图命令通过旋转中心及要旋转的角度来旋转草图实体。

4）"缩放实体比例"草图命令。当完成的草图几何在整体尺寸上与设计需要有差别时，可以根据需要使用该命令对现有草图几何进行缩小或放大。

5）"伸展实体"草图命令一般不会用到，不做介绍。

2.5 草图尺寸标注和约束

前面已介绍了"约束"这个概念，知道约束是参数化造型中不可缺少的因素。可以说，约束贯穿整个三维设计过程，从零件到装配，没有约束，就不可能设计出基于参数化造型的模式。

2.5.1 尺寸标注

绘制二维草图必不可少的就是尺寸标注。可以先画草图，再进行尺寸标注来改变图形的长度、宽度或角度。其中最重要、最便捷的就是智能尺寸标注。

1. 智能尺寸标注

智能尺寸标注是多种标注方式的集合，用户可以根据所选标注对象的不同，标注不同的尺寸形式，是最常用的标注方式。通常按住鼠标右键向上拖动即可进入智能尺寸标注模式。

1）单击"草图"工具栏中的"智能尺寸"按钮。

2）在草图中选择要标注尺寸的草图几何，并在合适位置单击放置尺寸，此时会弹出"修改"属性管理器和"增量"属性管理器，如图2-39所示。

3）在属性管理器中修改或编辑尺寸，例如，添加尺寸公差或相关符号等。

4）单击属性管理器中的"确认"按钮，完成智能尺寸的标注操作。

● 增大/减小尺寸：单击文本框中的上下箭头可以实现对尺寸的更改。

● 滚轮：在尺寸数字所在区域按住鼠标滚轮向左或向右拖动鼠标指针，可以增大或减小尺寸。

● "确认"按钮✓：保存当前尺寸并退出属性管理器。

● "关闭"按钮✗：恢复原始值并退出属性管理器。

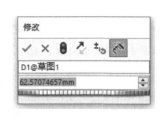

a)   b)

图 2-39   "修改"属性管理器和
"增量"属性管理器

● "重建模型"按钮：以当前尺寸重建模型。

● "反转尺寸方向"按钮：单击该按钮，尺寸标注的方向会反转。

● "设置增量值"按钮：重新设置系统默认的增量值。

2. 垂直尺寸标注

垂直尺寸标注主要用于标注直线竖直方向上的长度，也可以标注草图几何上两点之间的竖直距离。

3. 水平尺寸标注

水平尺寸标注主要用于标注直线水平方向上的长度，也可以标注草图几何上两点之间的水平距离。

4. 尺寸链标注

尺寸链标注用于标注同一方向上多个基准相同的尺寸，第一个选择的几何对象为尺寸基准，后续每选择一点都会在相应位置上标注尺寸。

5. 垂直、水平尺寸链标注

垂直、水平尺寸链标注与尺寸链标注的操作类似，只是垂直/水平尺寸链只能用于垂直/水平方向上的尺寸链的标注。

2.5.2 添加几何关系

为了使绘制的草图几何满足设计要求，读者要学会通过形状约束关系使绘制的草图达到满足需要的状态。

1. 添加几何关系

利用添加几何关系工具可以在草图实体之间或草图实体与基准面、基准轴、边线或顶点之间生成几何关系。

1）单击"草图"工具栏中的"添加几何关系"按钮，或者选择"工具"→"关系"→"添加"命令。

2）在草图中单击要添加几何关系的草图实体。

3）所选实体会在"添加几何关系"属性管理器的"所选实体"列表框中显示，如图2-40所示。

4）此时状态栏中显示所选实体的状态（完全定义或欠定义）。

5）如果要移除一个实体，在"所选实体"列表框中右键单击该项目，在弹出的快捷菜单中选择"清除选项"命令即可。

6）在"添加几何关系"选项组中单击要添加的几何关系类型（"相切"或"固定"等），添加的几何关系类型就会显示在"现有几何关系"列表框中。

7）如果要删除添加了的几何关系，在"现有几何关系"列表框中右键单击该几何关系，在弹出的快捷菜单中选择"删除"命令即可。

8）单击"确认"按钮后，几何关系添加到草图实体间。

一般情况下可以通过左键选中需要进行约束的元素，按住〈Ctrl〉键再选择另外一个需要约束的元素，也可以打开如图 2-40 所示的管理器。

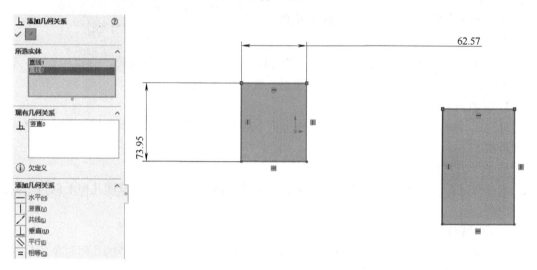

图 2-40　"添加几何关系"属性管理器

2. 显示/删除几何关系

利用"显示/删除几何关系"命令可以显示手动和自动添加到草图实体的几何关系，查看有疑问的特定草图实体的几何关系，并可以删除不再需要的几何关系。此外，还可以通过"替换列出的参考引用"命令来修正错误的草图实体。

1）单击"草图"工具栏中的"显示/删除几何关系"按钮，或选择"工具"→"几何关系"→"显示/删除几何关系"命令，系统弹出"显示/删除几何关系"属性管理器。

2）在弹出的"显示/删除几何关系"属性管理器的列表框中会显示所选几何物体的几何关系。

3）在"几何关系"选项组中执行要显示的几何关系。在显示每个几何关系时，高亮显示相关的草图实体，同时还会显示其状态。在"实体"列表框中也会显示草图实体的名称、状态。

4）单击"删除"按钮，删除当前的几何关系；单击"删除所有"按钮，删除当前执行的所有几何关系。

📖 每一个约束关系都会在草图中显示一个几何关系图标，如 📐、☒ 等。可以在草图中直接
选择这些图标进行删除，也可以删除对应几何关系。

2.6 实例

本节通过具体的实例来说明如何运用草图绘制命令来绘制草图，并掌握草图绘制命令应用。希望读者对照书上的内容亲自操作，细心体会其中的绘制方法。

2.6.1 法兰盘草图绘制

盘类零件（如法兰盘）设计在机械设计中非常普遍，拟绘制法兰盘的结构和尺寸如图 2-41 所示，四周均布 6 个阶梯孔。本节绘制法兰盘的俯视图。

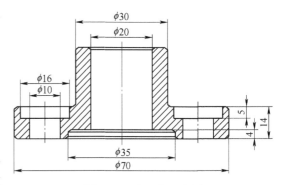

图 2-41 法兰盘尺寸图

法兰盘俯视图绘制步骤如下，读者要细心体会操作的技巧。

1）打开 SolidWorks 2022，选择"文件"→"新建"命令（或单击"标准"工具栏中"新建"按钮），在弹出的"新建 SolidWorks 2022 文件"对话框中选择"零件"，单击"确定"按钮，进入零件设计状态。

2）单击特征管理器中的"上视基准面"，在弹出的对话框中单击"草图绘制"按钮，进入草图绘制状态，如图 2-42 所示。

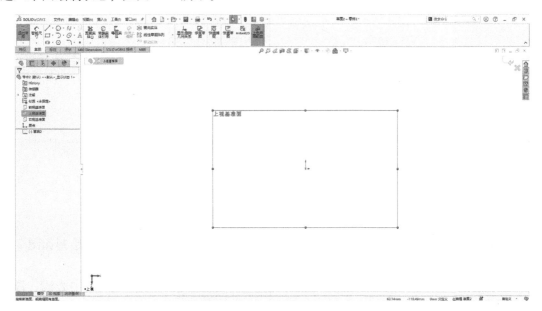

图 2-42 草图绘制初始界面

3）单击"中心线"按钮，绘制两条垂直相交的十字中心线。

4）绘制三个同心圆，并根据图2-41标注尺寸，如图2-43所示。

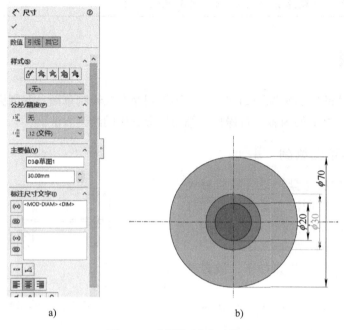

a)   b)

图2-43　草图绘制同心圆

5）再绘制两条中心线，并且修改两条中心线尺寸，使得圆被六等分。如图2-44所示。

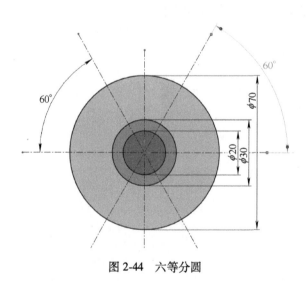

图2-44　六等分圆

6）绘制阶梯孔定位圆和小圆，并修改尺寸，接下来利用圆周阵列功能，绘制如图2-45所示的图形，注意阶梯孔小圆圆心需要在定位圆与中心线的交点处。

7）隐藏尺寸标注、约束、网格和端点，绘制底圆和倒角圆，并删除60°中心线。最终俯视图如图2-46所示。

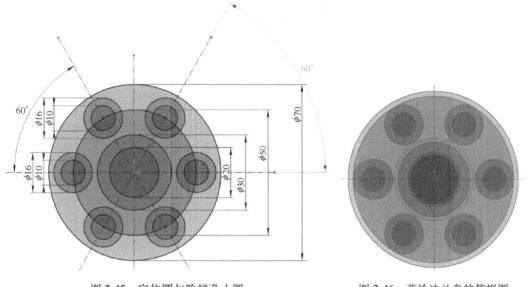

图 2-45　定位圆与阶梯孔小圆　　　　　图 2-46　草绘法兰盘的俯视图

2.6.2　叶片草图绘制

与法兰盘相比叶片是较为复杂的零件，本节绘制叶片草图，其结构和尺寸如图 2-47 所示。

1) 打开 SolidWorks 2022，选择"文件"→"新建"（或单击"标准"工具栏中"新建"按钮），在弹出的"新建 SolidWorks 2022 文件"对话框中选择"零件"，单击"确定"按钮，进入零件设计状态。

2) 单击特征管理器中的"上视基准面"，在弹出的对话框中单击"草图绘制"按钮，进入草图绘制状态。

3) 绘制两条垂直的中心线，绘制三个同心圆并根据图 2-47 所示的尺寸来进行修改，如图 2-48 所示。

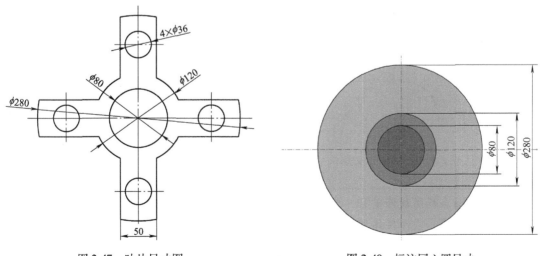

图 2-47　叶片尺寸图　　　　　　　　　图 2-48　标注同心圆尺寸

4）绘制两条线段，约束两个线段相等，分别单击两条线段，并标注一条线段，如图 2-49 所示。

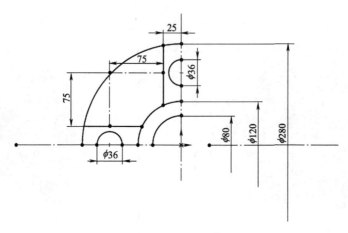

图 2-49　剪裁实体

📖 先约束两条线段相等后，再进行线段的尺寸标注与修改，这样修改一条线段，则另一条线段也随之自动修改，既省时，又快捷。

5）修改线段尺寸后，定义小圆中心位置并且绘制两个小圆，根据图 2-47 所示修改小圆的直径尺寸为 36mm。

6）根据图形利用剪裁实体功能修剪多余的弧线，结果如图 2-50 所示。

7）执行"镜像"命令，将该 1/4 图形镜像成完整图形，如图 2-51 所示。

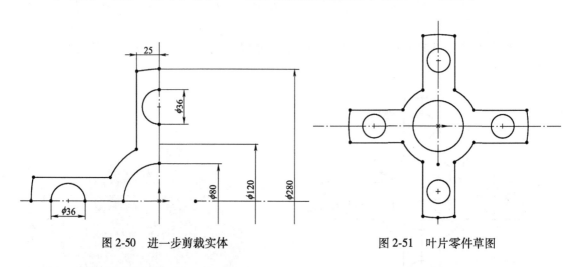

图 2-50　进一步剪裁实体　　　　　　　　图 2-51　叶片零件草图

📖 进行图形多余的弧段修剪时，对于小尺寸的弧段可在放大后进行修剪，这样图像可很清晰地表达出来，便于实体剪裁操作。

至此完成了叶片零件平面的草绘设计。

📖 如果你能轻松地将本节实例绘制出来，那么恭喜你，你已经初步掌握草图的绘制了。接下来只需要勤加练习，多多观察，你也可以熟练地进行 SolidWorks 图形制作。

2.7　思考与练习

设计题

绘制如图 2-52 所示的草图，该草图为齿轮泵端盖断面图。

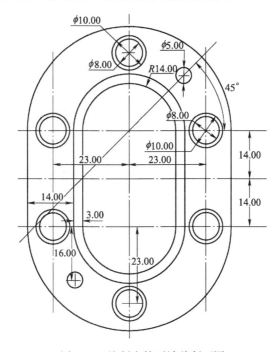

图 2-52　绘制齿轮泵端盖断面图

【操作提示】
- 新建文件，并进入草绘环境。
- 定义水平、垂直中心线。
- 定义侧面直线段，并镜像直线段。
- 定义上部各半圆，并镜像各半圆。
- 定义小圆水平、垂直中心线和 45°中心线。
- 定义各小圆，并镜像各小圆。

第3章 零件基础特征三维建模

本章导读（思维导图）

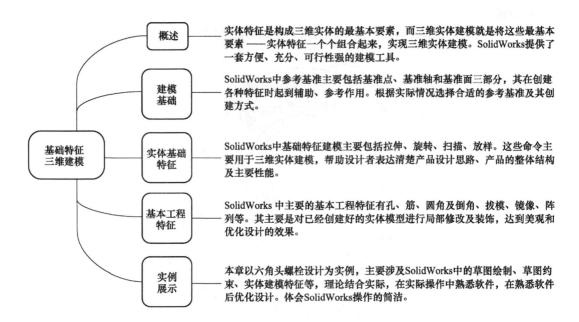

草图标注和添加约束完成后，就可以进行三维实体建模了。SolidWorks中提供了大量的绘图功能，可以用于绘制二维图形，这些图形可以在建模过程中被转换成三维实体。同时，SolidWorks还提供了各种建模特征，比如旋转特征、拉伸特征、镜像特征和圆角特征等，这些特征可以用来实现从简单到复杂的三维实体建模过程。

SolidWorks是一个功能强大、操作简便、易上手的三维建模软件，无论是对于专业的设计师还是初学者都具有极大的吸引力。它的建模工具多样，可以满足不同实体的特征需求，同时，它的可靠性和优化效果可以为设计人员提供更加优质的设计方案。通过SolidWorks的三维实体建模工具，可以将设计变得更加简单、高效和实用，从而提升了设计质量和效率。

本章主要学习三维实体零件设计的拉伸特征，定义平面方法，镜像实体特征命令，以及创建倒角和圆角命令。

通过本章的学习应熟悉和掌握软件的三维绘图相关知识，达到以下要求。

1）认识SolidWorks软件三维绘图的目的、应用范围。

2）熟悉SolidWorks三维绘图操作界面，逐步熟悉SolidWorks软件的三维的基本设计步骤。

3）重点掌握拉伸特征操作，定义平面操作中包含的主要内容及各子项的作用，借助于操作过程中的提示、注意、技巧等，达到能熟练使用的目的。

3.1 建模基础

机械产品设计是现代工业生产中不可或缺的一个环节。长期以来，设计人员主要采用二维三视图进行技术交流，但是这种方式已经不能满足目前的快速开发和高效生产的需求。SolidWorks 是一款能够提高设计人员效率和优化设计的建模工具。它不仅能够帮助设计人员快速创建、修改和分析几何实体，并且实现了计算机模拟分析真实几何实体的愿望。利用 SolidWorks，设计人员不仅能够快速完成设计任务，也能够优化设计和提高设计的质量。随着技术的不断发展，SolidWorks 将在未来扮演越来越重要的角色，为各行各业的企业提供更加高效、优化的产品设计和生产服务。

SolidWorks 提供了专用的"特征"工具栏，如图 3-1 所示。单击"特征"工具栏中的相应按钮，借助草图就可以生成相应的实体特征模型。

图 3-1 "特征"工具栏

> 注意：此处的工具栏并非默认设置，而是根据笔者习惯制定的，读者可根据自己的情况制定，具体参考第 1 章。

关于 SolidWorks 如何进行文件的打开、新建、保存、删除等都在第 1 章中进行了详细介绍，不再赘述。

SolidWorks 中参考基准主要包括基准点、基准轴和基准面三部分，其在创建各种特征时起到辅助、参考作用。然而每一种参考基准都有不同的创建方式，应根据实际情况选择合适的参考基准及其创建方式。

3.1.1 创建基准点

基准点是三维设计中经常用到的辅助特征，通常用来辅助定位、查找模型特殊点等。SolidWorks 2022 共提供了六种基准点的创建方法，分别是圆弧中心参考点、面中心参考点、交叉处参考点、投影参考、在草图点上、沿曲线距离或多个参考。

选择"插入"→"参考几何体"→"点"命令，打开"点"属性管理器，如图 3-2 所示，根据需要选择合适的基准点创建方法（这里的操作步骤旨在讲述打开命令步骤，下文也有类似情况，

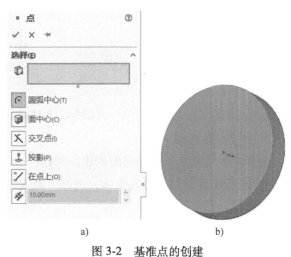

a)   b)

图 3-2 基准点的创建

不再赘述）

1. 圆弧中心参考点

选择圆或圆弧的中心创建参考点。

1）打开需要添加点的几何体，选择"插入"→"参考几何体"→"点"命令，打开"点"属性管理器。

2）单击"点"属性管理器中的"圆弧中心"选项，选择圆或圆弧。

3）单击"确认"按钮口，创建圆弧中心参考点，如图 3-3 所示。

2. 面中心参考点

选择平面或曲面的中心创建参考点。

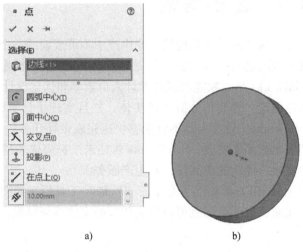

图 3-3　创建圆弧中心参考点

1）打开需要添加点的几何体，选择"插入"→"参考几何体"→"点"命令，打开"点"属性管理器。

2）单击"点"属性管理器中的"面中心"选项，选择圆或圆弧。

3）单击"确认"按钮，创建面中心参考点，如图 3-4 所示。

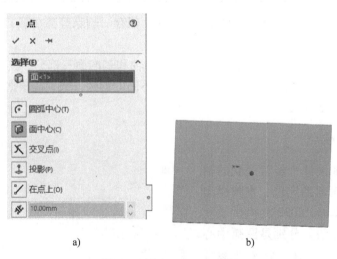

图 3-4　创建面中心参考点

3. 交叉处参考点

选择交叉线或交叉的线与面创建参考点。

1）打开需要添加点的几何体，选择"插入"→"参考几何体"→"点"命令，打开"点"属性管理器。

2）单击"点"属性管理器中的"交叉点"选项，选择交叉线或交叉的线与面。

3）单击"确认"按钮，创建交叉处参考点，如图 3-5 所示。

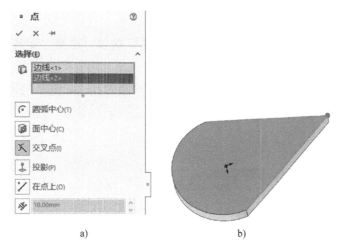

a)　　　　　　　　　　　　b)

图 3-5　创建交叉处参考点

4. 投影参考点

选择点，并将其投影到面上以创建投影参考点。

1）打开需要添加点的几何体，选择"插入"→"参考几何体"→"点"命令，打开"点"属性管理器。

2）单击"点"属性管理器中的"投影"选项，选择要投影参考的点和投影面。

3）单击"确认"按钮，创建投影参考点，如图 3-6 所示。

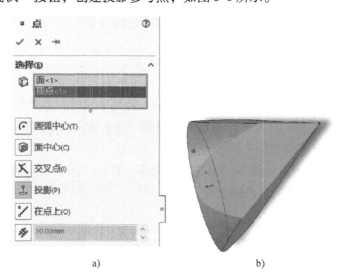

a)　　　　　　　　　　　　b)

图 3-6　创建投影参考点

5. 在草图点上

选择草图创建的点（点、线端点、面角点），即可创建在草图点上参考点。

6. 沿曲线距离或多个参考点

选择边线后，创建等距离或有一定比例关系的参考点。

1）打开需要添加点的几何体，选择"插入"→"参考几何体"→"点"命令，打开"点"属性管理器。

2）单击"点"属性管理器中的"沿曲线距离"选项，选择"距离"单选项（也可选其他），输入距离值 10mm，选择边线。

3）单击"确认"按钮，创建沿曲线距离或多个参考点，如图 3-7 所示。

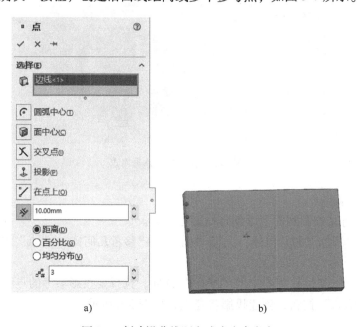

a)   b)

图 3-7　创建沿曲线距离或多个参考点

3.1.2　创建基准轴

基准轴是常用的辅助定位特征，在草图几何体或阵列中使用可方便设计。SolidWorks 2022 共提供了五种基准轴的创建方法，分别是"一直线/边线/轴""两平面""两点/顶点""圆柱/圆锥面""点和面/基准面"。

选择"插入"→"参考几何体"→"基准轴"命令，打开"基准轴"属性管理器，如图 3-8 所示。根据需要选择合适的基准轴创建方法。

1. 一直线/边线/轴

借助已知直线/边线/轴创建基准轴。

1）打开需要添加基准轴的几何体，选择"插入"→"参考几何体"→"基准轴"命令，打开"基准轴"属性管理器。

2）单击"基准轴"属性管理器中的"一直线/边线/轴"选项，选择一直线、边线或轴。

3）单击"确认"按钮，创建基准轴，如图 3-8 所示。

2. 两平面

利用两相交平面创建基准轴。

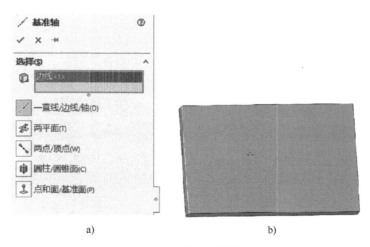

a)   b)

图 3-8　基准轴的创建

3. 两点/顶点

利用空间内任意两点创建基准轴。

1）打开需要添加基准轴的几何体，选择"插入"→"参考几何体"→"基准轴"命令，打开"基准轴"属性管理器。

2）单击"基准轴"属性管理器中的"两点/顶点"选项，选择两点。

3）单击"确认"按钮，创建基准轴，如图 3-9 所示。

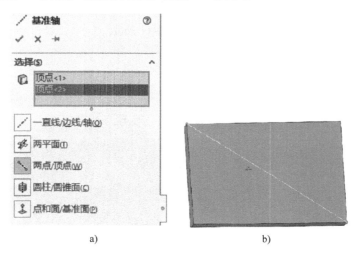

a)   b)

图 3-9　通过两点/顶点创建基准轴

4. 圆柱/圆锥面

利用圆柱或圆锥面创建基准轴。

1）打开需要添加基准轴的几何体，选择"插入"→"参考几何体"→"基准轴"命令，打开"基准轴"属性管理器。

2）单击"基准轴"属性管理器中的"圆柱/圆锥面"选项，选择圆柱面或圆锥面。

3）单击"确认"按钮，创建基准轴，如图 3-10 所示。

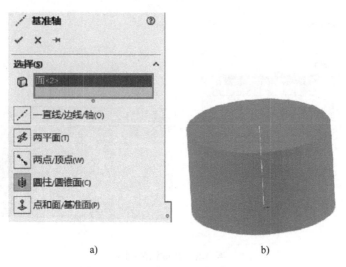

a)   b)

图 3-10　通过圆柱/圆锥创建基准轴

5. 点和面/基准面

通过点和面或基准面的投射方向创建基准轴。

1）打开需要添加基准轴的几何体，选择"插入"→"参考几何体"→"基准轴"命令，打开"基准轴"属性管理器。

2）单击"基准轴"属性管理器中的"点和面/基准面"选项，选择点与面或点与基准面。

3）单击"确认"按钮，创建基准轴，如图 3-11 所示。

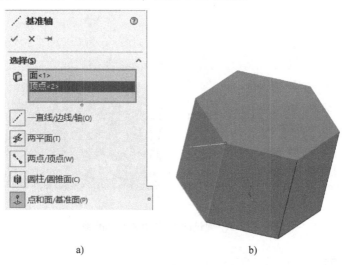

a)   b)

图 3-11　通过点和面/基准面创建基准轴

3.1.3　创建基准面

SolidWorks 提供了三个默认相互垂直的基准面，即前视基准面、上视基准面和右视基准面，然而，在构造复杂实体特征时还远远不能满足需求。基准面恰恰弥补了这一缺陷，使得构造复杂实体特征变得简单易行。而基准面的创建并非像基准点或基准轴的创建那么简单，它不提供具体的方法，而是根据第一参考、第二参考、第三参考相互组合实现。

选择"插入"→"参考几何体"→"基准面"命令。打开"基准面"属性管理器，如图 3-12 所示。根据需要选择合适的组合方式创建基准面。

由于"基准面"属性管理器中每一个"参考"下又有七个控制选项，根据需要可选择不同的控制选项创建基准面。又由于组合种类繁多，本节仅以偏移距离为例介绍操作步骤，其他不再一一介绍。

1）打开需要添加"基准面"的几何体，选择"插入"→"参考几何体"→"基准面"命令，打开"基准面"属性管理器。

2）单击"基准面"属性管理器中"第一参考"下的"距离"选项，选择面，然后根据自己需要进行其他选项组的内容设置，使所创建的基准面符合自己接下来的画图要求，其中"选项"选项组中包括："平行""垂直""重合""角度"和"距离"选项。

3）单击"确认"按钮，创建基准面，如图 3-13 所示。

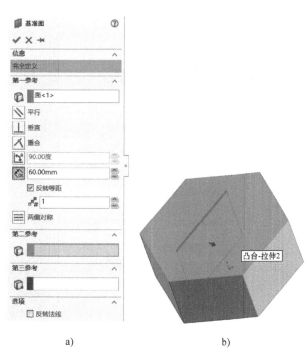

图 3-12　"基准面"属性管理器　　　　图 3-13　通过偏移距离创建基准面

注意：如果选择"反转等距"复选框，那么基准面会出现在与选中第一参考面对称的另一侧。而如果选择了第二参考面，那么基准面会默认出现在平分第一、第二参考面的平面上。

本节介绍了参考基准的基准点、基准轴、基准面三部分，其中前两者详细介绍了每一种基准的创建方法。由于基准面的创建种类繁多，本小节没有过多讲述，但并非其不重要，留给读者自己摸索学习。

3.2 实体基础特征

SolidWorks 中基础特征建模主要包括拉伸、旋转、扫描、放样。这些命令主要用于三维实体建模，帮助设计者表达清楚产品设计思路、产品的整体结构及主要性能，另外，为产品优化设计中的分析做准备。可以这样理解，基础特征建模是一切工作开展的前提。

3.2.1 旋转特征

旋转是 SolidWorks 创建回转体模型的重要工具，其主要包括旋转凸台和旋转切除。

1. 旋转凸台

绕轴旋转一草图或所选草图轮廓，通过添加材料和生成回转体来实现三维建模。

1）选择"文件"→"新建"命令完成新文件的建立。

2）选择"插入"→"草图绘制"命令，绘制需要的草图；退出草图，完成草图绘制。

3）选择"插入"→"凸台/基体"→"旋转"命令，打开"旋转"属性管理器如图 3-14 所示。

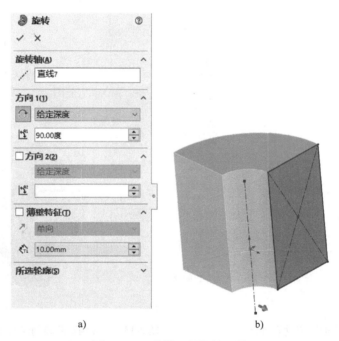

a)   b)

图 3-14 "旋转"属性管理器

在"旋转"属性管理器中设置旋转参数和旋转类型，即可创建旋转实体。其中旋转参数包括旋转轴、方向、旋转角度。旋转类型包括一般旋转、薄壁特征旋转。下面一一讲述其作用。

1）旋转轴：旋转体的中心轴，实现旋转的基础。如果没有已存在的实体线的话，旋转轴一般使用中心线表示。

2）方向：单向旋转和双向旋转。

3）旋转角度：SolidWorks 提供了五个选项，分别是"给定深度""成型到一顶点""成型到一面""到离指定面指定的距离"和"两侧对称"。

4）薄壁特征旋转：在旋转的基础上旋转实体使之变成带有薄壁的旋转体。薄壁特征包括单向、两侧对称和双向等，同时旋转体的壁厚也可以在"薄壁特征"选项组进行更改。

2. 旋转切除

旋转切除与旋转凸台操作相似，绕轴旋转一草图或所选草图轮廓，通过去除材料和生成回转体来实现三维建模。

3.2.2 拉伸特征

拉伸是 SolidWorks 中最基础的特征建模方法之一，其主要包括拉伸凸台和拉伸切除。

1. 拉伸凸台

借助草图通过拉伸的方式添加材料，实现"从无到有"的三维实体建模。

1）选择"文件"→"新建"命令，完成新文件的建立。

2）选择"插入"→"草图绘制"命令；绘制相关草图之后，退出草图，完成草图绘制。

3）选择"插入"→"凸台/基体"→"拉伸"命令，打开"凸台-拉伸"属性管理器，如图 3-15 所示。

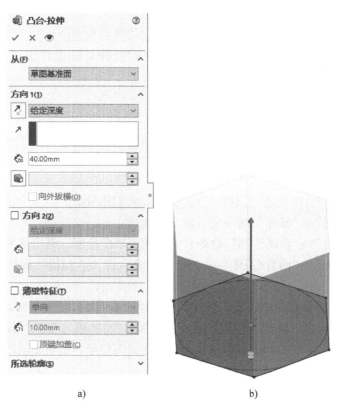

a)   b)

图 3-15 "拉伸"属性管理器

在"凸台-拉伸"属性管理器中设置拉伸参数和拉伸类型，其中拉伸参数包括轮廓来源、方向选择、拉伸深度。拉伸类型包括一般拉伸、拔模拉伸、薄壁特征拉伸。

（1）轮廓来源

指拉伸的起始处，主要包括草图基准面、曲面/面/基准面、顶点、等距（实际操作中常用的是草图基准面、曲面/面/基准面）。

（2）方向选择

包括单向拉伸和双向拉伸，还可通过"反向"按钮进行单项反向拉伸。

（3）拉伸深度

SolidWorks 提供了六个选项，分别是"给定深度""成型到一顶点""成型到一面""到离指定面指定的距离""成型到实体"和"两侧对称"。拉伸深度种类比较多，可根据具体情况而定。

（4）拉伸类型

- 一般拉伸：主要通过控制拉伸参数——轮廓来源、方向选择、拉伸深度来实现。
- 拔模拉伸：在一般拉伸基础上又添加拔模斜度角，可以用来绘制圆锥，棱锥等几何体。
- 薄壁特征拉伸：在一般拉伸的基础上拉伸实体变成带有薄壁的拉伸体。薄壁特征包括单向、两侧对称和双向等。

2. 拉伸切除

借助草图通过拉伸的方式去除材料，实现"从有到无"的三维实体建模。

在拉伸凸台和拉伸切除的设置中，拉伸参数和拉伸类型完全一样。而它们之间不同的是前者添加材料，后者去除材料。因此，此处不再对拉伸切除做详细讲述，参考拉伸凸台即可。

3.2.3 扫描特征

扫描是创建复杂三维实体（尤其是带曲面的实体）的基础，SolidWorks 中的扫描包括扫描和扫描切除。

1. 扫描

沿着开放环或闭合路径通过扫描闭合轮廓来生成实体特征。

1）选择"文件"→"新建"命令完成新文件的建立。

2）选择"插入"→"草图绘制"命令；完成相关草图绘制，退出草图。

3）选择"插入"→"凸台/基体"→"扫描"命令，打开"扫描"属性管理器，如图 3-16 所示。

在"扫描"属性管理器中设置扫描参数和选择扫描类型，便可得到扫描实体。

扫描参数包括轮廓、路径、选项、引导线、起始处/结束处相切，其中轮廓、路径、引导线是扫描实体的三要素。扫描类型包括不带引导线的扫描、带引导线的扫描、薄壁特征的扫描。

1）轮廓和路径：是扫描特征实现的前提，扫描成三维实体的轮廓要求为封闭的（即为图 3-16 中所示的草图 2），而路径是开环或闭环均可（为图 3-16 中所示的草图 23）。

2）选项：主要提供了"方向/扭转控制""路径对齐类型""合并切面"和"显示预览"四个选项来控制扫描。

3）起始处/结束处相切：垂直于开始或结束点路径而生成扫描。

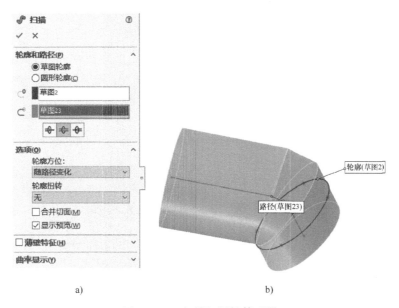

图 3-16　"扫描"属性管理器

4）引导线：控制扫描体的外形尺寸。

5）不带引导线的扫描：扫描过程中没有引导线参与，由轮廓、路径及其他参数完成。

6）带引导线的扫描：在扫描过程中既有轮廓和路径参与，又有引导线对扫描过程实施控制，以达到理想模型。

7）薄壁特征的扫描：在扫描的基础上创建带有薄壁的扫描实体。薄壁特征包括单向、两侧对称和双向。

2. 扫描切除

沿着开放环或闭合路径通过扫描闭合轮廓来切除实体特征。和扫描不同的是前者添加材料，后者去除材料。因此，扫描切除不再详述，可参考与之相对立的扫描。

注意：1. 轮廓和路径必须是单一的，引导线可以是单一的，也可以有多条。

　　　2. 凸台扫描特征轮廓必须是闭环的，路径可以为开环的或闭环的。

　　　3. 当使用引导线生成扫描实体时，路径必须是单个实体且路径线段必须相切。

3.2.4　放样特征

放样是指通过至少两个轮廓按一定顺序生成或切除过渡性实体。SolidWorks 中的放样包括放样凸台和放样切除。

1. 放样凸台

在两个或多个轮廓之间通过添加材料生成过渡性实体特征。

1）选择"文件"→"新建"命令完成新文件的建立。

2）选择"插入"→"草图绘制"命令；绘制所需草图后，退出草图，完成草图绘制。

3）选择"插入"→"凸台/基体"→"放样"命令，打开"放样"属性管理器，如图 3-17 所示。

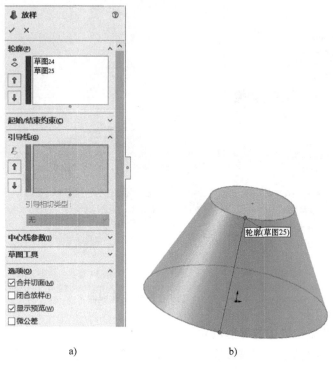

a)   b)

图 3-17   "放样"属性管理器

在"放样"属性管理器中设置放样参数和选择放样类型，便可得到放样实体特征。设置放样参数包括轮廓、起始/结束约束、引导线、中心线参数、草图工具、选项。放样类型包括不带引导线放样、带引导线放样、薄壁特征放样。

1）起始/结束约束：设定放样特征开始或结束位置的约束。

2）不带引导线放样：没有引导线参与创建放样实体特征（图 3-17 中没有引导线）。

3）带引导线放样：引导线参与控制放样实体特征外形。

4）薄壁特征放样：在放样的基础上创建带有薄壁的放样实体。薄壁特征包括单向、两侧对称和双向。

2. 放样切除

在两个或多个轮廓之间通过生成过渡性实体特征切除材料。

与放样凸台的参数和类型完全相同，不同的是前者添加材料，后者去除材料。因此，放样切除不再详述，可参考与之相对立的放样凸台。

3.3　基本工程特征

SolidWorks 中主要的基本工程特征包括孔特征、筋特征、圆角、倒角特征、拔模特征、镜像特征、阵列特征和抽壳特征。其目的在于快速成形，实现三维建模。

3.3.1　孔特征

在 SolidWorks 中孔特征一般分为两种，分别为简单直孔和异形孔。

1. 简单直孔

在已知平面上通过设置孔的直径和深度来创建简单直孔。

1）选择"文件"→"新建"命令完成新文件的建立。

2）选择"插入"→"草图绘制"命令；绘制相关草图，退出草图，完成草图绘制。然后进行相关三维图绘制。

3）选择"插入"→"特征"→"简单直孔"命令，打开"孔"属性管理器，如图3-18所示。

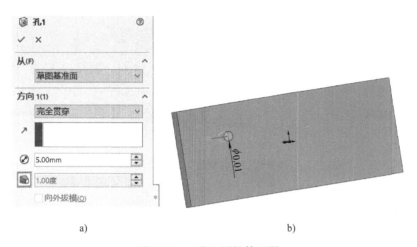

a)   b)

图3-18   "孔"属性管理器

"孔"属性管理器中主要包括孔参数和孔类型。孔参数包括孔深度、孔直径。孔类型包括不带拔模角孔、带拔模角孔。

孔深度类型和前文介绍的拉伸深度类型基本相同，这里不再赘述；孔直径就是定义孔的直径值。

在"孔"属性管理器的"方向"选项组中可以选择是否需要拔模属性，并可以选择拔模角度大小，以及拔模方向。

2. 异形孔

异形孔主要包括柱形沉头孔、锥形沉头孔、孔、直螺纹孔、锥形螺纹孔、旧制孔、柱孔槽口、锥孔槽口和槽口九种类型，主要用于创建复杂轮廓的孔，且孔类型和位置在"孔规格"属性管理器中确定。

1）选择"文件"→"新建"命令完成新文件的建立。

2）选择"插入"→"草图绘制"命令；绘制相关草图，退出草图，完成草图绘制。然后进行相关三维图绘制。

3）选择"插入"→"特征"→"孔向导"命令，打开"孔规格"属性管理器，如图3-19所示。

"孔规格"属性管理器主要包括异形孔参数和异形孔类型。其中异形孔参数主要由"标准""孔规格""终止条件""选项"等选项控制；异形孔类型由"孔类型"和"类型"选项控制，种类繁多。

● 标准：SolidWorks中提供了17种孔标准。

a)

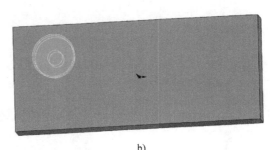
b)

图 3-19 "孔规格"属性管理器

- 孔规格：孔的大小参数和配合状态。
- 终止条件和拉伸深度的选项基本相同，不再赘述。

3.3.2 筋特征

筋是由开环或闭环草图轮廓生成的特殊拉伸实体，它在草图轮廓和现有零件之间添加特定方向和厚度的材料，起到支撑和加强的作用。

1）选择"文件"→"新建"命令完成新文件的建立。

2）选择"插入"→"草图绘制"命令；绘制相关草图，退出草图，完成草图绘制。然后进行相关三维图绘制。

3）选择"插入"→"特征"→"筋"命令（也可以在"特征"工具栏中直接单击"筋"按钮），打开"筋"属性管理器，如图 3-20 所示。

"筋"属性管理器中主要包括厚度、拉伸方向、拔模、所选轮廓等选项。

1）厚度：指添加厚度到所选草图边上，有三种形式，在"垂直于草图"选项卡有一个"类型"选项，它包括"线性"和"自然"。其中，"线性"指生成一条与草图方向垂直且延伸草图轮廓到与边界汇合的筋；"自然"指生成一条延伸草图轮廓的筋，以相同轮廓形式延伸，直到筋与边界汇合；

2）拔模：表示生成拔模角度的筋。

3.3.3 圆角和倒角特征

1. 圆角

圆角特征是指在两个相交面的交线上创建光滑过渡曲面特征。

1）选择"文件"→"新建"命令完成新文件的建立。

2）选择"插入"→"草图绘制"命令；绘制相关草图，退出草图，完成草图绘制。然后

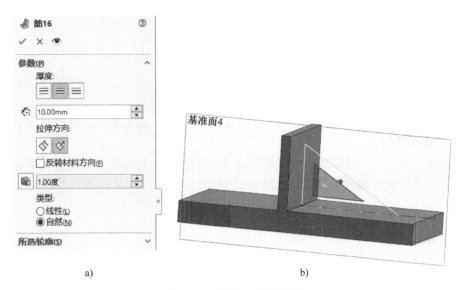

图 3-20　"筋"属性管理器

进行相关三维图绘制。

3）选择"插入"→"特征"→"圆角"命令（"特征"工具栏中可以直接单击"圆角"按钮），打开"圆角"属性管理器，如图 3-21 所示。

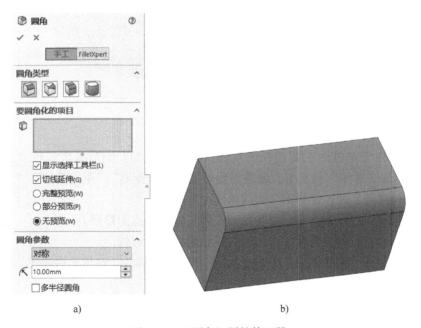

图 3-21　"圆角"属性管理器

"圆角"属性管理器中主要包括圆角参数和圆角类型。其中，圆角参数与倒角参数作用效果差不多，因此这里不再详述。圆角类型包括"恒定大小圆角""变量大小圆角""面圆角"和"完整圆角"。

1）恒定大小圆角：生成具有相同半径的圆角特征。

2）变量大小圆角：生成不同半径的圆角特征。

3）面圆角：对非相邻或非连续的两组面创建圆角特征。

2. 倒角

倒角特征是指在两个相交面的交线上创建斜面特征。

1）选择"文件"→"新建"命令完成新文件的建立。

2）选择"插入"→"草图绘制"命令；绘制相关草图，退出草图，完成草图绘制。然后进行相关三维图绘制。

3）选择"插入"→"特征"→"倒角"命令（"特征"工具栏中可以直接单击"倒角"按钮），打开"倒角"属性管理器，如图 3-22 所示。

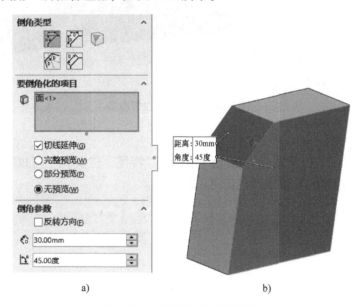

a)   b)

图 3-22   "倒角"属性管理器

"倒角"属性管理器中主要包括倒角参数和倒角类型。倒角参数包括"通过面选择""保持特征""切线延伸"和预览。倒角类型包括"角度距离""距离-距离""顶点"。

1）通过面选择：通过选择隐藏边线的面选取边线。

2）保持特征：应用倒角后，是否保留拉伸或旋转之类的特征。

3）切线延伸：将倒角延伸到与所选实体相切的面或边线。

4）预览：包括"完整预览""部分预览"和"无预览"（这里不再详述）。

5）角度距离：用角度和距离来控制生成倒角特征。

6）距离-距离：通过两个距离来控制生成倒角特征。

7）顶点：选择顶点，通过三个距离来控制生成倒角特征。

3.3.4　拔模特征

拔模特征是指用来创建模型的拔模斜面。

1）选择"文件"→"新建"命令完成新文件的建立。

2）选择"插入"→"草图绘制"命令；绘制相关草图，退出草图，完成草图绘制。然后进行相关三维图绘制。

3）选择"插入"→"特征"→"拔模"命令（"特征"工具栏中可以直接单击"拔模"按钮），打开"拔模"属性管理器，如图3-23所示。

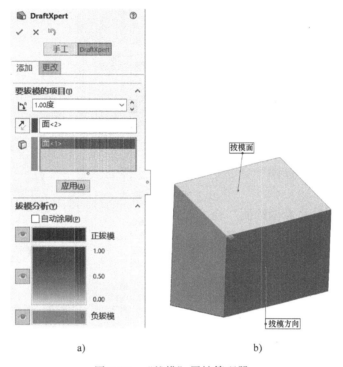

图 3-23 "拔模"属性管理器

"拔模"属性管理器中主要包括拔模参数和拔模类型。其中拔模参数包括"拔模角""拔模面"；拔模类型包括"中性面拔模""分型线拔模"和"阶梯拔模"。

1）拔模角：垂直于中性面测量的角度。

2）拔模面：指要拔模的面。根据拔模的需要，可以在"拔模沿面延伸"下拉列表中选择相应的选项。"无"指只在所选的面上进行拔模；"沿切面"指将拔模延伸到所有与所选拔模面相切的面；"所有面"指将所有从中性面拉伸的面进行拔模；"内部的面"指将所有从中性面拉伸的内部面进行拔模；"外部的面"指将所有从中性面拉伸的外部面进行拔模（这里不再一一说明，读者可自己学习）。

3）中性面拔模：以中性面法向作为拔模方向（同时也可以以中性面作为拔模参考基准）的拔模。

4）分型线拔模：根据拔模面上的分型线创建拔模。其中，在绘图区域中选择分割线作为分型线，选择一条边或一个面来指定拔模方向。

5）阶梯拔模：是分型线拔模的变体，其包括锥形阶梯和垂直阶梯。

3.3.5 镜像特征

镜像特征与草图中的实体镜像功能相似。

1）选择"文件"→"新建"命令完成新文件的建立。

2）选择"插入"→"草图绘制"命令；绘制相关草图，退出草图，完成草图绘制。然后进行相关三维图绘制。

3）选择"插入"→"阵列/镜像"→"镜像"命令（"特征"工具栏中可以直接单击"镜像"按钮），打开"镜像"属性管理器，如图3-24所示。

镜像特征相对简便，只需要选中合适的镜像面或是基准面，然后选择要镜像的特征即可。

3.3.6 阵列特征

阵列特征与草图中的阵列功能相似。

1）选择"文件"→"新建"命令完成新文件的建立。

2）选择"插入"→"草图绘制"命令；绘制相关草图，退出草图，完成草图绘制。然后进行相关三维图绘制。

3）选择"插入"→"阵列/镜像"→"阵列"命令（"特征"工具栏中可以直接单击"阵列"按钮），打开"阵列"属性管理器，如图3-25所示。

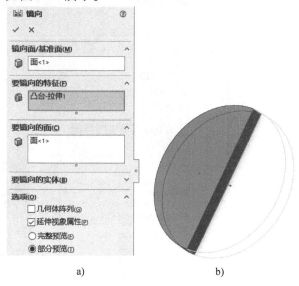

a)　　　　　　　　　b)

图3-24　"镜像"属性管理器

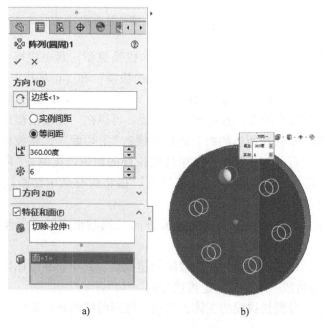

a)　　　　　　　　　b)

图3-25　"阵列"属性管理器

阵列主要包括：圆周阵列、线性阵列、曲线驱动的阵列、草图驱动的阵列、表格驱动的阵列、变量阵列以及填充阵列。最常使用的是圆周阵列与线性阵列。操作相对简便，只需要选择合适的方向以及需要阵列的特征即可。

注意：无论是镜像特征还是阵列特征都与草图的对应操作相似，可以理解为一个是相对于草图线条的复制操作，一个是相对于几何体特征操作的复制操作。两者可以进行类比。

3.3.7 抽壳特征

抽壳特征用于掏空零件，形成敞开或封闭的薄壁特征。

1）选择"文件"→"新建"命令完成新文件的建立。

2）选择"插入"→"草图绘制"命令；绘制相关草图，退出草图，完成草图绘制。然后进行相关三维图绘制。

3）选择"插入"→"特征"→"抽壳"命令（"特征"工具栏中可以直接单击"抽壳"按钮），打开"抽壳"属性管理器，如图3-26所示。

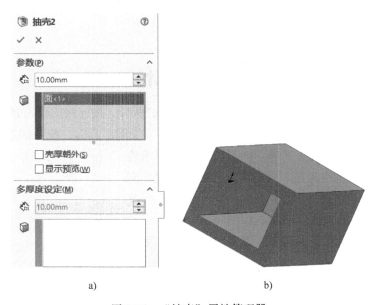

a)   b)

图3-26 "抽壳"属性管理器

"抽壳"属性管理器中包含的抽壳参数较少，包括"厚度""壳厚朝外"和"显示预览"，而抽壳类型包括"去除模型面抽壳""空心闭合抽壳"和"多厚度抽壳"。

1）去除模型面抽壳：在图形区域选择一个或多个移除面，实现抽壳。

2）空心闭合抽壳：不去除模型面而生成一个空心的薄壁实体，即在进行抽壳时不选择抽壳平面就会出现一个具有薄壁特征的实体，如图3-27所示。

3）多厚度抽壳：生成不同面具有不同厚度的薄壁实体特征。

注意：如果几何体比较复杂或者有倒角、圆角的话，抽壳过程中可能会出现部分壳体厚度超过几何体，导致抽壳失败。

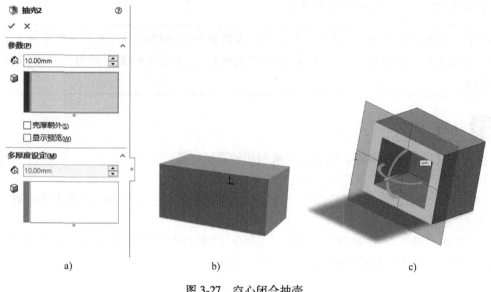

a)　　　　　　　　　　　b)　　　　　　　　　　　c)

图 3-27　空心闭合抽壳

3.4　实例——六角头螺栓设计

六角头螺栓分为六角头螺栓和内六角圆柱头螺钉两种。按连接的受力方式，有普通的和铰制孔用的。铰制孔用的螺栓要和孔的尺寸配合用于受横向力时，按头部形状有六角头的、圆柱头的、方形头的、沉头的等。一般沉头用在要求连接后表面光滑没凸起的地方，沉头可以拧到零件里，圆柱头也可以拧进零件里，方头的拧紧力可以大些，但是尺寸很大，六角头的是最常用的。

为了满足安装后锁紧的需要，螺栓有头部有孔的和杆部有孔的，这些孔可以使螺栓受到震动时不至松脱。

本实例设计一个简单六角头螺栓，其效果如图 3-28 所示。

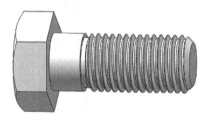

图 3-28　六角头螺栓

操作步骤

1）选择"文件"→"新建"命令，或者单击"标准"工具栏"新建"按钮，弹出"新建 SolidWorks 文件"对话框。在对话框中单击"gb_ part"按钮，单击"确定"按钮进入零件操作界面，或双击"gb_ part"按钮进入建模界面，如图 3-29 所示。

2）编辑零件的单位。选择"工具"→"选项"命令，在"文档属性"选项卡可以修改零件的单位。

3）选择基准面。单击"草图"面板，在工作窗口中会出现系统基准面（上视基准面、前视基准面和右视基准面），如图 3-30 所示，选择其中一个基准面，然后进入草图绘制界面。

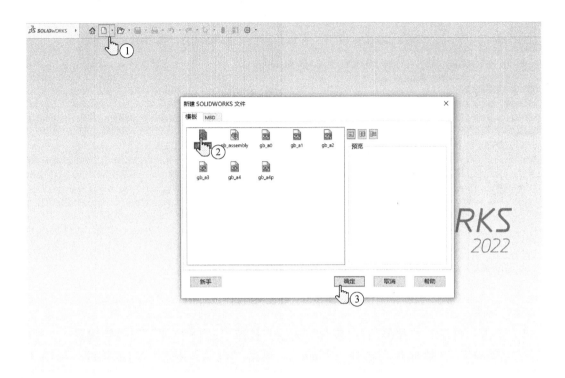

图 3-29　"新建 SolidWorks 文件"对话框

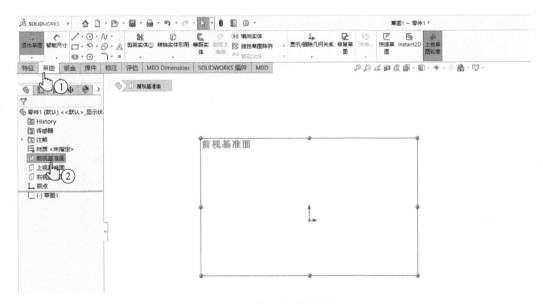

图 3-30　进入草图绘制界面

4）利用"多边形"命令将螺栓头部绘制出来，边数选择"6"，内切圆直径选择
"30mm"，如图 3-31 所示。

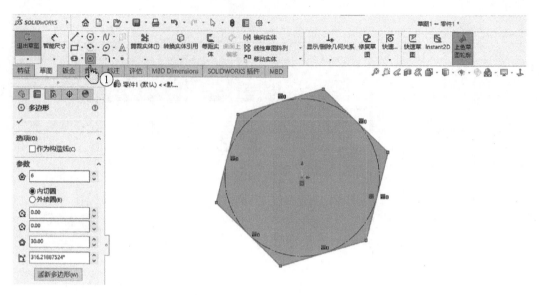

图 3-31　螺栓头绘制

5）单击"特征"→"拉伸凸台/基面"按钮，打开"凸台-拉伸"属性管理器。"方向"选择"给定深度"，拉伸距离选择"12mm"，单击"确认"按钮，完成拉伸，如图 3-32 所示。

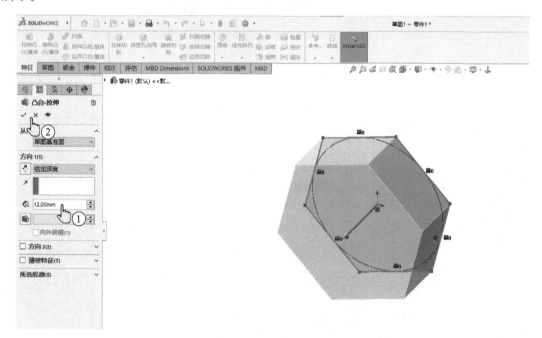

图 3-32　螺栓头部绘制

6）选择基准面。单击"草图"面板，选择螺栓头部平面，然后进入草图绘制界面，如图 3-33 所示。

7）利用"圆"命令绘制半径为 10mm 的圆，如图 3-34 所示。

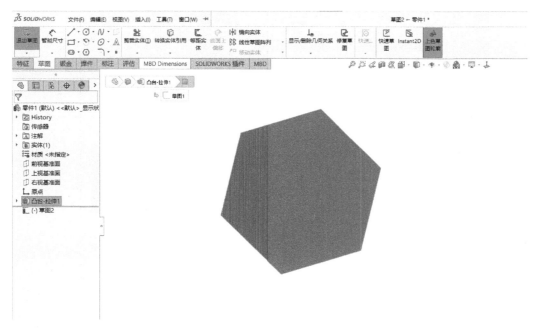

图 3-33　进入草图绘制界面

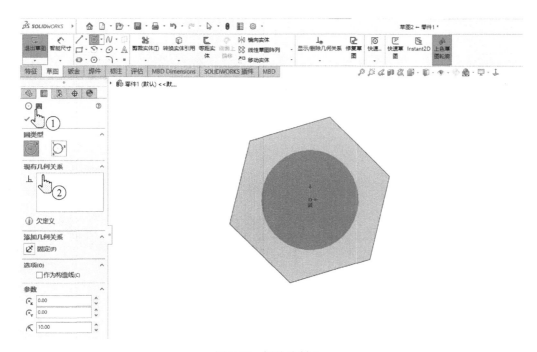

图 3-34　螺栓绘制 1

8）单击"特征"→"拉伸凸台/基面"按钮，打开"凸台-拉伸"属性管理器。"方向"选择"给定深度"，拉伸距离选择"50mm"，单击"确认"按钮，完成拉伸，如图 3-35 所示。

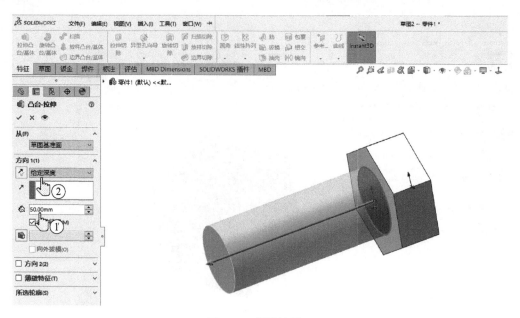

图 3-35　螺栓绘制 2

9）对螺杆进行倒角处理，单击"倒角"按钮，打开"倒角"属性管理器。距离选择"2.5mm"，角度选择"45°"，如图 3-36 所示。

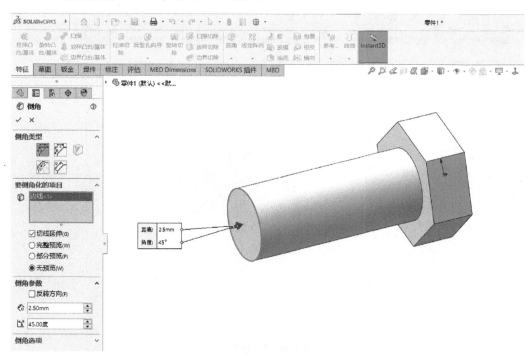

图 3-36　倒角处理 1

10）在螺栓头部绘制直径 30mm 的圆，单击"特征"→"拉伸切除"按钮，打开"切除-拉伸"属性管理器。选中"反侧切除"，拔模角度选择"60°"，完成螺栓头部倒角处理，如

图 3-37 所示。

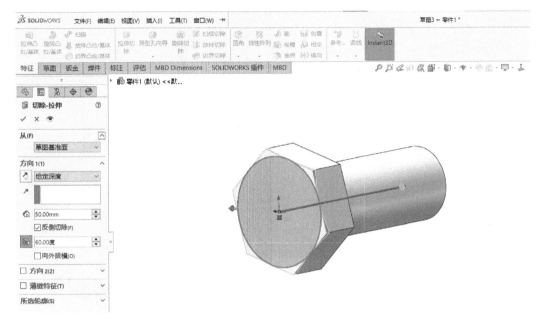

图 3-37　倒角处理 2

11）螺纹基准圆绘制。单击"草图"面板，利用"圆"命令绘制半径为 8.647mm 的圆，如图 3-38 所示。

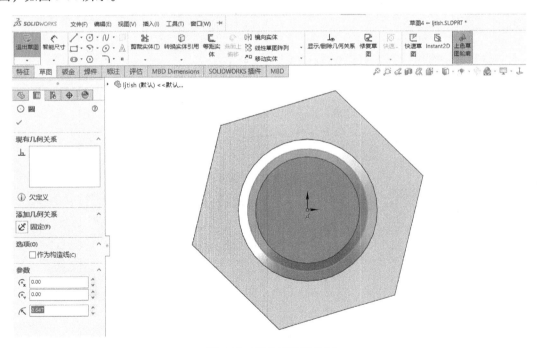

图 3-38　螺纹基准圆绘制

12）螺纹线绘制。单击"曲线"→"螺旋线"按钮，打开"螺旋线/涡状线"属性管理器。螺距选择"2.5mm","圈数"选择"15",起始角度选择"0°",如图 3-39 所示。

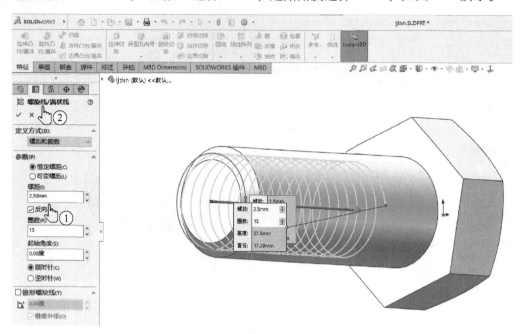

图 3-39 螺纹线绘制

13）分别单击螺纹线和螺纹线起始点来建立基准面，如图 3-40 所示。

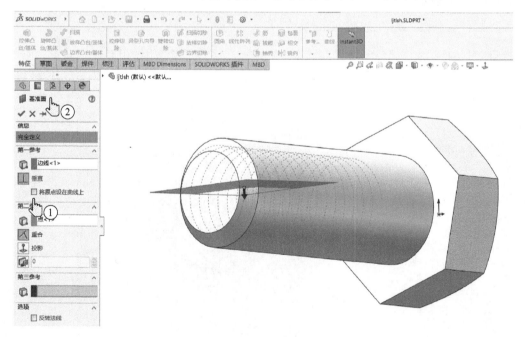

图 3-40 建立基准面

14）螺纹截面形状绘制。选择步骤 13）绘制的基准面，单击"草图"面板，利用"直线"命令绘制螺纹截面，如图 3-41 所示。

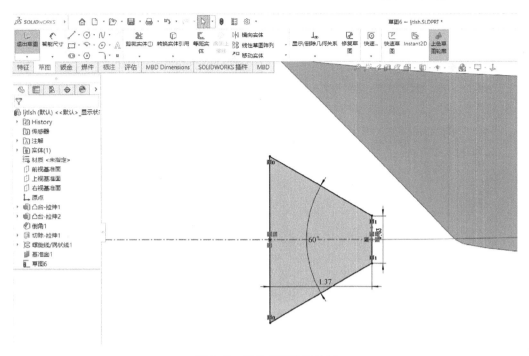

图 3-41　螺纹截面形状绘制

15）单击"特征"→"扫描切除"按钮，打开"切除-扫描"属性管理器。完成螺纹绘制，如图 3-42 所示。

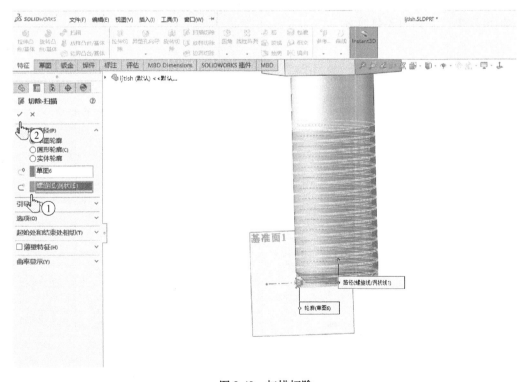

图 3-42　扫描切除

16）退刀槽绘制。单击"特征"→"旋转切除"按钮，打开"切除-旋转"属性管理器。在上视基准面绘制草图，选择圆柱基准轴为中心轴，如图 3-43 所示。

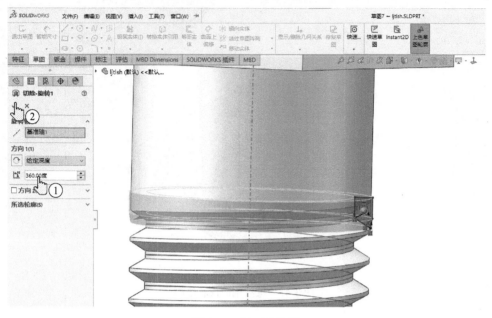

图 3-43　退刀槽绘制

17）选择"文件"→"另存为"命令，系统弹出"另存为"对话框，将该文件保存为"ljtlsh. SLDPRT"，如图 3-44 所示。

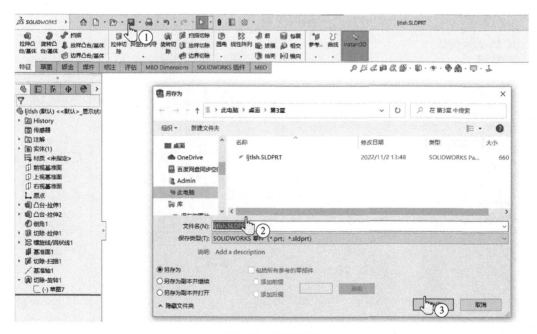

图 3-44　保存文件

3.5 思考与练习

1. 思考题

1）试简述 SolidWorks 软件在进行三维零件设计时，定义基准平面的作用。

2）怎样理解特征的概念。

2. 操作题

试通过采用对称拉伸操作，来完成图 3-45 所示连杆的三维造型设计，尺寸如图 3-46 所示。

【操作提示】

- 新建文件，并进入零件绘制环境。
- 选择对称拉伸操作创建连杆坯。
- 创建孔特征。
- 创建单面凹槽特征，并镜像该特征。
- 进行必要的倒圆角、倒角。

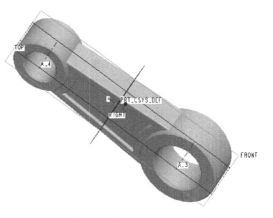

图 3-45 典型连杆三维造型

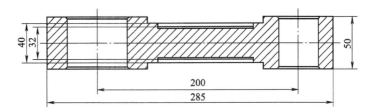

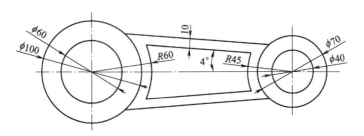

图 3-46 连杆尺寸图

第4章 典型机械零件三维建模

本章导读（思维导图）

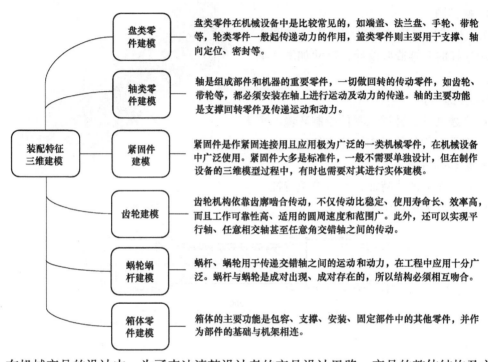

盘类零件在机械设备中是比较常见的，如端盖、法兰盘、手轮、带轮等，轮类零件一般起传递动力的作用，盖类零件则主要用于支撑、轴向定位、密封等。

轴是组成部件和机器的重要零件，一切做回转的传动零件，如齿轮、带轮等，都必须安装在轴上进行运动及动力的传递。轴的主要功能是支撑回转零件及传递运动和动力。

紧固件是作紧固连接用且应用极为广泛的一类机械零件，在机械设备中广泛使用。紧固件大多是标准件，一般不需要单独设计，但在制作设备的三维模型过程中，有时也需要对其进行实体建模。

齿轮机构依靠齿廓啮合传动，不仅传动比稳定、使用寿命长、效率高，而且工作可靠性高、适用的圆周速度和范围广。此外，还可以实现平行轴、任意相交轴甚至任意角交错轴之间的传动。

蜗杆、蜗轮用于传递交错轴之间的运动和动力，在工程中应用十分广泛。蜗杆与蜗轮是成对出现、成对存在的，所以结构必须相互吻合。

箱体的主要功能是包容、支撑、安装、固定部件中的其他零件，并作为部件的基础与机架相连。

在机械产品的设计中，为了表达清楚设计者的产品设计思路、产品的整体结构及主要性能，长久以来，设计人员主要采用二维三视图来进行技术交流，耗时、耗力、耗资源。SolidWorks 的研发人员根据设计人员的习惯性设计思维及行业设计特点，研发出一套能提高设计人员设计效率及优化设计的建模工具，实现了计算机模拟分析真实几何实体的愿望，这样不仅大大提高了产品的设计速度，也为实现产品优化设计提供了保障。

实体特征是构成三维实体的最基本要素，而三维实体建模就是将这些最基本要素——实体特征一个个组合起来，实现三维实体建模。简单的三维实体由单个或少数实体特征便可完成，而复杂的则需要通过多个实体特征来实现。

SolidWorks 为设计人员提供了一套方便、充分、可行性强的建模工具，进而为优化设计提供了可靠的前提。

4.1 盘类零件建模

盘类零件是一种常见的机械零件，在机械设备中主要起支撑和连接作用。盘类零件主要由端面、内孔及外圆等组成，通常直径大于其轴向尺寸，如端盖、法兰盘、手轮、带轮等。盘类零件用于传递动力、转换方向或起轴向定位及密封等作用。为了加强支撑，盘类零件上常设有凸台、凹坑等，此外，为了与其他零件连接，盘类零件上还常设有键槽和各种孔（光孔、沉孔、螺纹孔等）等结构。

尽管盘类零件形式多样，但有很多相同点，如主要表面基本上都是圆柱形的，它们有较高的尺寸精度、形状精度和表面粗糙度要求，而且有较高的同轴度要求等诸多共同之处。

本节通过向读者展示盘类零件造型设计的一般方法与步骤，使读者逐步掌握利用 Solid-Works 软件进行造型设计的一般过程。

盘类零件结构相对比较简单，且多为中心对称结构，本节以槽轮拨盘和法兰盘设计为例，介绍盘类零件的造型方法。

对于一个盘类零件，它一般由以下几个特征组成。

1）关于中心对称的零件主体。

2）中心轴孔。

3）安装孔特征或边缘槽结构。

4）圆角和倒角特征。

因此，可以考虑利用草图截面回转成零件主框架的方法创建其三维模型，对于单个圆孔可以采用草图拉伸特征，主体上分布的圆孔可以采用阵列特征，圆角和倒角可以采用相应的圆角和倒角特征。

4.1.1 槽轮拨盘设计

槽轮机构是由装有圆柱销的主动拨盘、槽轮和机架组成的单向间歇运动机构，又称马耳他机构。它常被用来将主动件的连续转动转换成从动件的带有停歇的单向周期性转动。

槽轮机构中的拨盘零件是典型的盘类零件（图 4-1），下面通过实例来具体说明利用 SolidWorks 软件设计盘类零件方法和过程，希望读者对照书上的内容亲自操作，细心体会其中的技巧。

设计一槽轮拨盘，结构与尺寸如图 4-2 所示。其未注倒角 1×45°，未注圆角为 R2。其

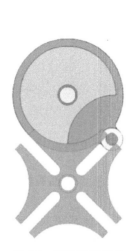

图 4-1　槽轮机构拨盘

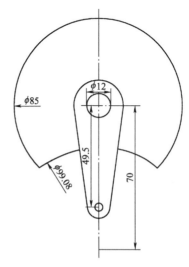

图 4-2　拨盘尺寸图

设计结果文档见实例/04/caolunbopan. prt，动画可扫描右侧二维码观看。

🔧 设计造型分析

4.1.1 槽轮拨盘设计

槽轮拨盘的尺寸有一套复杂的计算公式，本实例为方便对盘类零件的绘制，取圆柱销回转半径 $R=49.5$ mm，锁止弧半径 $R_0=42.5$ mm，圆柱销半径 $r=2$ mm，拨盘回转轴直径 $d_1=12$ mm，槽顶侧壁厚 $b=5$ mm，中心距 $L=70$ mm，槽顶半径 $s=49.54$ mm，槽轮深度 $h=43$ mm。

对于拨盘零件，主要由以下特征组成：关于中心对称的零件主体、圆柱销回转凸台、中心轴孔特征和圆柱销孔特征。创建以上特征需要应用的操作："拉伸凸台"命令和"拉伸切除"命令。

🔧 操作步骤

1）新建 SolidWorks 文件。选择"文件"→"新建"命令，或者单击"标准"工具栏"新建"按钮 □，弹出"新建 SOLIDWORKS 文件"对话框。在对话框中单击"gb_part"图标，单击"确定"按钮进入建模界面，或双击"gb_part"图标进入建模界面，如图 4-3 所示。

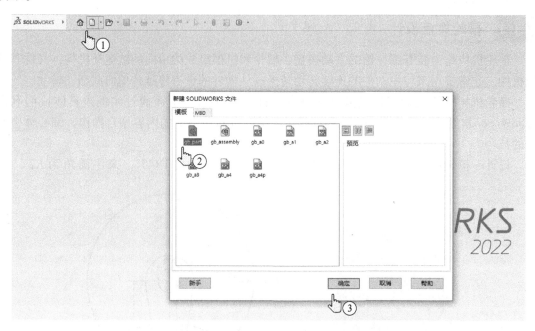

图 4-3 "新建 SolidWorks 文件"对话框

2）编辑零件的单位。选择"工具"→"选项"命令，在"文档属性"选项卡可以修改零件的单位。

3）选择基准面。使用"草图"命令，在工作窗口中会出现系统基准面（上视基准面、前视基准面和右视基准面），如图 4-4 所示。选择"前视基准面"，然后，进入草图绘制界面。

4）绘制拨盘底座草图。选择"圆"命令绘制一个圆，选择中心基准点单击以放置圆

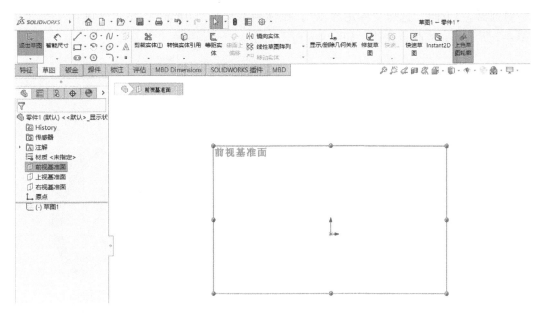

图 4-4　选择基准面

心，在"圆"属性管理器的"参数"选项组中调整半径为 42.5mm，然后拖动并释放圆，单击"确认"按钮 ✓。选择"直线"命令绘制一条直线，连接拨盘圆心与槽轮圆心，长度设置为 70mm。选择"圆"命令绘制第二个圆，直径设置为 99.08mm，得到如图 4-5 所示的草图。

📖 调整图形尺寸时可利用鼠标右键加上滑的标注快捷键 来快速调整图形尺寸。

5）选择"剪裁实体"命令去除多余的线条，单击"确认"按钮 ✓，得到如图 4-6 所示的草图。

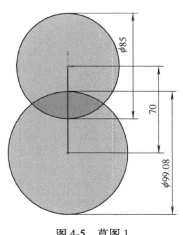

图 4-5　草图 1

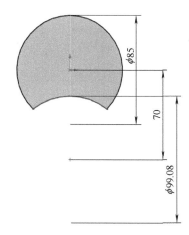

图 4-6　草图 2

6）拉伸拨盘底座凸台。选择"特征"→"拉伸凸台/基面"命令，打开"凸台-拉伸"

属性管理器。"方向"选择"给定深度",拉伸距离选择"10mm",单击"确认"按钮 ✔,如图 4-7 所示。完成凸台拉伸,如图 4-8 所示。

图 4-7 "凸台-拉伸"属性管理器

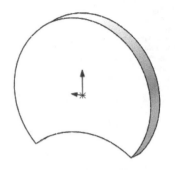

图 4-8 拉伸实体

7)绘制圆柱销回转凸台草图。选择拨盘底座的任意一个端面为基准面进行草图绘制。选择"圆"命令,在中心基准点绘制 $R = 14mm$ 的圆,在圆心正下方距离 49.5mm 处同理绘制 $R = 5mm$ 的圆。选择"直线"命令,在两个圆形的左右两侧各绘制一条直线,鼠标选中直线与大圆,之后会自动弹出"属性"对话框,添加"相切"几何关系,单击"确认"按钮 ✔,如图 4-9 所示。同理添加直线与小圆的"相切"几何关系。选择"剪裁实体"命令去除多余的线条,单击"确认"按钮 ✔,得到如图 4-10 所示的草图。

📖 以几何体的一面为基准面进行草图绘制时,先选中基准面再单击"草图绘制"按钮。

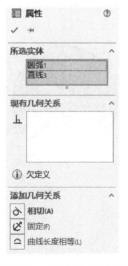

图 4-9 "属性"对话框

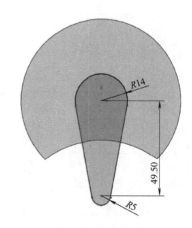

图 4-10 草图 3

8）拉伸圆柱销回转凸台。选择"特征"→"拉伸凸台/基面"命令，打开"凸台-拉伸"属性管理器。"方向"选择"给定深度"，凸台拉伸方向与拨盘底座凸台拉伸方向相反，单击"等距反转"按钮 ↗ 可调整拉伸方向。拉伸距离选择"5mm"，单击"确认"按钮 ✓，如图 4-11 所示，完成回转凸台拉伸，如图 4-12 所示。

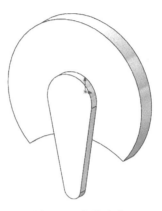

图 4-11　"凸台-拉伸"属性管理器　　　　图 4-12　拉伸实体

9）绘制圆柱销孔草图。选择圆柱销回转凸台的上表面为基准面进行草图绘制，选择"圆"命令，绘制半径 $r=2mm$ 的圆柱销孔以及直径 $d_1=12mm$ 的拨盘回转轴草图，如图 4-13 所示。

10）拉伸切除圆柱销孔。选择"特征"→"拉伸切除"命令，打开"切除-拉伸"属性管理器。"方向"选择"完全贯穿"，单击"等距反转"按钮 ↗，调整切除方向确保切除实体，单击"确认"按钮 ✓，如图 4-14 所示。拉伸切除结果如图 4-15 所示。

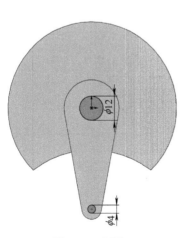

图 4-13　草图 4　　　　图 4-14　"切除-拉伸"属性管理器

11）保存文件。选择"文件"→"另存为"命令，系统弹出"另存为"对话框，将该文件保存为"caolunbopan. SLDPRT"。

4.1.2 法兰盘设计

法兰盘简称法兰，又称法兰凸缘盘或凸缘。法兰在机械上的应用十分广泛，它是一种盘状零件，通常是在一个类似盘状的金属体的周边开上几个孔用于连接其他零件，如图 4-16 所示。

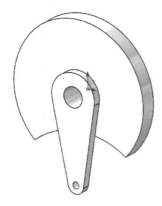

图 4-15　拉伸切除

图 4-16　法兰盘

下面通过法兰盘的建模实例来具体说明利用 SolidWorks 软件设计盘类零件方法和过程，希望读者对照书上的内容亲自操作，细心体会其中的技巧。

设计一法兰盘，结构与尺寸如图 4-17 所示。其未注倒角 1×45°，未注圆角为 R2。其设计结果文档见实例/04/falanpan. prt，动画可扫描右侧二维码观看。

4.1.2
法兰盘设计

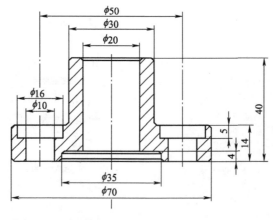

图 4-17　法兰盘尺寸

设计造型分析

对于法兰盘零件，主要由以下特征组成：底盘凸台、轴向回转凸台、连接孔特征、倒角特征和圆角特征。创建以上特征主要应用的操作：“拉伸凸台”命令、“拉伸切除”命令、"圆周阵列”命令和“倒角/圆角”命令。

操作步骤

1）底盘草图绘制。选择“前视基准面”进入草图绘制，使用“圆”命令绘制如图 4-18 所示草图。

2）底盘凸台拉伸。选择“特征”→“拉伸凸台/基面”命令，打开“凸台-拉伸”属性管理器。“方向”选择“给定深度”，拉伸距离选择“14mm”，单击“确认”按钮 ✔ ，拉伸结果如图 4-19 所示。

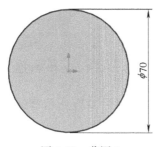

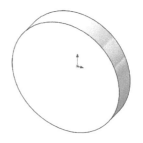

图 4-18　草图 1　　　　　　　　　　图 4-19　拉伸实体 1

3）选择底盘凸台任意端面作为基准面进行草图绘制，使用“圆”命令绘制如图 4-20 所示草图。

4）使用“拉伸凸台/基面”命令，打开“凸台-拉伸”属性管理器。“方向”选择“给定深度”，拉伸距离选择“26mm”，注意拉伸方向与步骤 2）凸台拉伸方向相反，单击“确认”按钮 ✔ ，拉伸结果如图 4-21 所示。

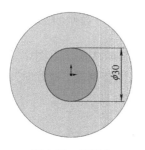

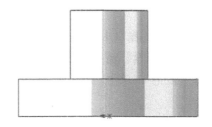

图 4-20　草图 2　　　　　　　　　　图 4-21　拉伸实体 2

5）创建同轴孔 1。选择底盘凸台与步骤 3）不同的端面绘制如图 4-22 所示草图。

6）选择“特征”→“拉伸切除”命令，打开“切除-拉伸”属性管理器。“方向”选择“给定深度”，拉伸距离选择“4mm”，单击“等距反转”按钮 ⬚ ，调整切除方向确保切除实体，单击“确认”按钮 ✔ ，如图 4-23 所示，切除结果如图 4-24 所示。

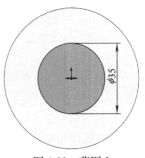

图 4-22　草图 3

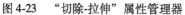

图 4-23　"切除-拉伸"属性管理器　　　　　图 4-24　拉伸切除 1

7）创建同轴孔 2。选择与步骤 5）相同基准面绘制如图 4-25 所示草图。

8）使用"拉伸切除"命令，切除实体，如图 4-26 所示。

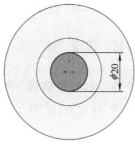

图 4-25　草图 4　　　　　　　　　　图 4-26　拉伸切除 2

9）创建连接孔。选择与步骤 3）相同基准面绘制如图 4-27 所示草图。

10）使用"拉伸切除"命令，打开"切除-拉伸"属性管理器。"方向"选择"给定深度"，拉伸距离"5mm"，单击"确认"按钮 ✔，如图 4-28 所示。

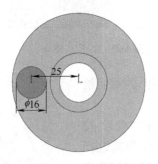

图 4-27　草图 5　　　　　　　　　　图 4-28　拉伸切除 3

11）选择与步骤 3）相同基准面绘制如图 4-29 所示草图。

12）使用"拉伸切除"命令，打开"切除-拉伸"属性管理器。"方向"选择"完全贯穿"切除实体,单击"确认"按钮 ✔ 如图 4-30 所示。

图 4-29　草图 6

图 4-30　拉伸切除 4

13)阵列连接孔。选择"特征"→"线性阵列"→"圆周阵列"命令,打开"阵列(圆周)1"属性管理器。阵列方向选择法兰盘最外侧圆的边线,选中"等间距"选项,阵列数目选择"6"个,阵列特征选择拉伸切除连接孔特征,单击"确认"按钮 ✔,如图 4-31 所示。阵列结果如图 4-32 所示。

图 4-31　"阵列(圆周)1"属性管理器

图 4-32　阵列特征

14)创建倒角与圆角。倒角尺寸 1×45°,圆角尺寸为 R2。选择"特征"→"倒角"命令,打开"倒角"属性管理器。选择需要倒角的项目(倒角位置如图 4-17 所示),然后设置距离为"1mm",角度为"45°",单击"确认"按钮 ✔,如图 4-33 所示。圆角的创建与倒角步骤大致相同,读者可自行尝试。倒角与圆角后效果如图 4-34 所示。

15)保存文件。选择"文件"→"另存为"命令,系统弹出"另存为"对话框,将该文件保存为"falanpan. SLDPRT"。

图 4-33　"倒角"属性管理器

图 4-34　倒角与圆角效果

4.2　轴类零件建模

轴是组成部件和机器的重要零件，一切做回转运动的传动零件，如齿轮、带轮等，都必须安装在轴上进行运动及动力的传递。轴的主要功能是支撑回转零件及传递运动和动力。

轴类零件不论怎样分类，其结构基本相似，都由圆柱或空心圆柱主体，以及键槽、退刀槽、安装连接用螺孔和定位用销孔、防止应力集中的圆角等结构组成。

相应地，对于阶梯轴，可以采用草图回转的方法构建轴的实体模型框架，退刀槽和小圆台可以在构建主体框架时一并构建。对于键槽特征，要先添加基准平面，再采用"拉伸切除"命令来创建，最后进行必要的倒角和倒圆角。

4.2.1　拉力传感器设计

拉力传感器（图 4-35）又称电阻应变式传感器，隶属于称重传感器系列，是一种将物理信号转变为可测量的电信号的输出装置。它使用两个拉力传递部分传递力，在其结构中含有力敏器件和两个拉力传递部分，在力敏器件中装有压电片、压电片垫片，后者装有基板部分和边缘传递力部分。

本节通过绘制拉力传感器外壳来具体说明利用 SolidWorks 软件设计回转体的方法与一般过程，希望读者对照书上的内容亲自操作，细心体会其中的技巧。其设计结果文档见实例/04/lchuanganqi.prt，动画可扫描右侧二维码观看。

4.2.1　拉力
传感器设计

设计一拉力传感器，结构与尺寸如图 4-36 所示。其未注倒角为 1×45°。

设计造型分析

对于拉力传感器外壳零件，主要由以下特征组成：关于中心对称的零件主体、轴向对称凸台、螺纹特征和倒角特征。创建以上特征主要应用的操作："旋转凸台"命令、"装饰螺纹线"命令和"倒角"命令。

操作步骤

1）草图绘制。选择"前视基准面"进入草图绘制，在草图绘制界面绘制如图 4-37 所示草图。

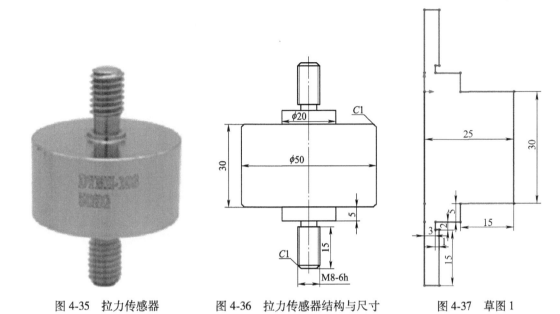

图 4-35 拉力传感器　　　　图 4-36 拉力传感器结构与尺寸　　　　图 4-37 草图 1

2）旋转凸台。选择"特征"→"旋转凸台/基体"命令，打开"旋转"属性管理器。"旋转轴"选择中心轴，"方向"选择"给定深度"，角度选择系统默认的 360°，轮廓选择草图 1，单击"确认"按钮 ✓，如图 4-38 所示。完成旋转实体的创建，如图 4-39 所示。

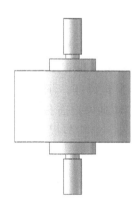

图 4-38 "旋转"属性管理器　　　　图 4-39 旋转实体

3）插入螺纹线。选择"插入"→"注释"→"装饰螺纹线"命令，打开"装饰螺纹线"属性管理器。"螺纹设定"为外螺纹边线，"标准"设定为"GB"，"类型"设定为"机械螺纹"，螺纹长度为"15mm"，单击"确认"按钮 ✓，如图 4-40 所示。另一处螺纹尺寸相同，同样方法绘制。插入装饰螺纹线效果如图 4-41 所示。

4）进行必要倒角。倒角尺寸为 1×45°，倒角位置如图 4-41 所示。

图 4-40　"装饰螺纹线"属性管理器　　图 4-41　插入装饰螺纹线

5）保存文件。选择"文件"→"另存为"命令，系统弹出"另存为"对话框，将该文件保存为"lchuanganqi. SLDPRT"。

4.2.2　阶梯轴设计

阶梯轴是旋转零件，一般其长度大于直径，通常由外圆柱面、圆锥面、内孔、螺纹及相应端面所组成。轴的结构一般有以下基本要求：安装在轴上的零件应有正确的定位并固定得牢固可靠；轴的加工工艺应便于轴的装拆和调整；轴上零件的受力位置要能减少应力集中，在设计轴的结构时应考虑节省材料和减轻质量。轴上往往还有花键、键槽、横向孔、退刀槽、倒角等。

阶梯轴在机械设备中最为常见，其造型设计方法也非常典型。下面通过实例来具体说明利用 SolidWorks 软件设计阶梯轴的方法与一般过程，希望读者对照书上的内容亲自操作，细心体会其中的技巧。其设计结果文档见实例/04/jietizhou. prt，动画可扫描右侧二维码观看。

4.2.2
阶梯轴设计

设计一阶梯轴，结构与尺寸如图 4-42 所示。其未注倒角为 1×45°，未注圆角为 R2。

设计造型分析

对于阶梯轴零件，主要由以下特征组成：关于中心对称的零件主体、键槽特征和倒角特征。创建以上特征主要用到的操作："旋转凸台"命令、"拉伸切除"命令、"倒角"命令。

操作步骤

1）草图绘制。选择"前视基准面"进入草图绘制，绘制如图 4-43 所示草图。

2）旋转凸台。选择"特征"→"旋转凸台/基面"命令，打开"旋转"属性管理器。"旋转轴"选择中心轴，"方向"选择"给定深度"，角度选择系统默认的 360°，单击"确

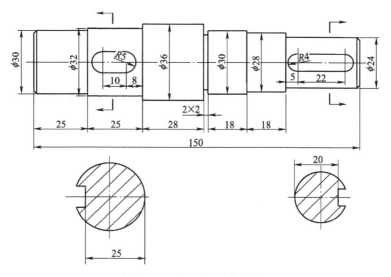

图 4-42　阶梯轴结构与尺寸

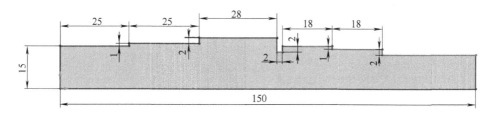

图 4-43　阶梯轴草图

认"按钮 ✔，完成旋转阶梯轴实体的创建，如图 4-44 所示。

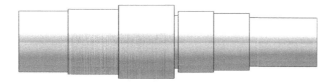

图 4-44　旋转实体

3）创建基准面 1。选择"特征"→"参考几何体"→"基准面"命令，打开"基准面 1"属性管理器。"第一参考"选择"前视基准面"，几何特征选择"距离"为"11mm"，单击"确认"按钮 ✔，如图 4-45 所示。键槽 1 草图基准面创建完成，如图 4-46 所示。

4）创建键槽 1。选择基准面 1 绘制键槽 1 草图，如图 4-47 所示。

5）选择"特征"→"拉伸切除"命令，打开"切除-拉伸"属性管理器。"方向"选择"成形到下一面"，轮廓选择键槽 1 草图，单击"确认"按钮 ✔。键槽 1 效果如图 4-48 所示。

6）创建基准面 2。选择"特征"→"参考几何体"→"基准面"命令，打开"基准面"属性管理器。"第一参考"选择"基准面 1"，几何特征选择"距离"为"3mm"，注意该距离由基准面 1 向前视基准面偏移 3mm，可通过选中"反转等距"复选框调整偏移方向，单击"确认"按钮 ✔，生成基准面2，如图4-49所示。

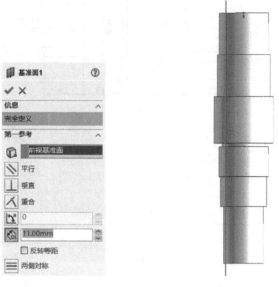

图4-45 "基准面1"属性管理器 　　　　　图4-46 基准面1

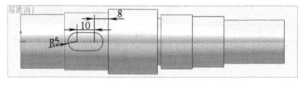

图4-47 键槽1草图

图4-48 生成键槽1

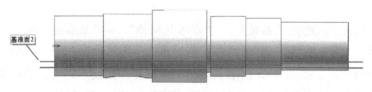

图4-49 基准面2

7）创建键槽2。选择基准面2绘制键槽2草图，如图4-50所示。

8）选择"特征"→"拉伸切除"命令，生成键槽2如图4-51所示。

9）进行必要倒角。倒角尺寸为1×45°，倒角位置如图4-42所示，倒角后效果如图4-52所示。

10）保存文件。选择"文件"→"另存为"命令，系统弹出"另存为"对话框，将该

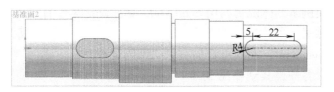

图 4-50　键槽 2 草图

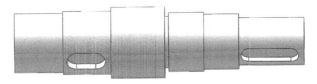

图 4-51　生成键槽 2

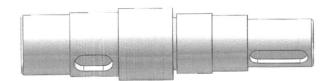

图 4-52　倒角效果

文件保存为 "jietizhou. SLDPRT"。

4.3　紧固件建模

紧固件用于紧固连接并且是应用极为广泛的一类机械零件。在各种机械、设备、车辆、船舶、铁路、桥梁、建筑、结构、工具、仪器、仪表和日用品等上面，都可以看到各式各样的紧固件。紧固件的特点是品种规格繁多，性能用途各异，而且标准化、系列化、通用化极高。因此也有人把已有国家标准的一类紧固件称为标准紧固件，或简称为标准件。紧固件是应用最广泛的机械基础件。

紧固件的标准有 GB（国标）、ISO（国际标准）、DIN（德制）、JIS（日标）、ANSI/ASME（美标）和 BS（英制）等标准，其中国内最常遇到的标准是 GB（国标）和 DIN（德标）。如找不到对应的国标，则须用国外标准以及其他部标来选用或生产零部件。

4.3.1　螺母设计

螺纹零件主要指螺栓和螺母。螺栓和螺母在机械设备中广泛使用，由于是标准件，一般不需要单独设计，但在制作设备的三维模型过程中，有时也需要对其进行实体建模。

螺栓、螺母是螺纹连接中经常使用的标准件。它们的结构、尺寸、规格和质量国家都制定了标准，其中螺纹的要素有：牙型、大径、旋向、线数、螺距（导程）。外螺纹和内螺纹的上述 5 个结构要素完全相同时，才能旋合在一起。由于螺栓、螺母为标准件，结构形式不需要重新设计，借助手册直接造型即可。

下面通过一个实例来具体说明利用 SolidWorks 软件设计螺母的方法与一般过程，希望读者对照书上的内容亲自操作，细心体会其中的技巧。其设计结果文档见实例/04/luomu. prt，动画可扫描右侧二维码观看。

4.3.1
螺母设计

设计一六角螺母零件，其规格见表 4-1（GB/T 6170—2015），外形结构简图如图 4-53 所示。

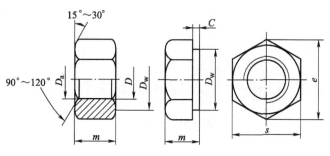

图 4-53　螺母尺寸图

表 4-1　系列规格螺母（GB/T 6170—2015）

螺纹规格 D	Cmax	$D_a$min	$D_w$min	$e$min	$m$max	$s$max	1000 个钢螺母质量/
			mm				kg≈
M8	0.6	8	11.6	14.38	6.8	13	5.67
M10	0.6	10	14.6	17.77	8.4	16	10.99
M12	0.6	12	16.6	20.03	10.8	18	16.32
M16	0.8	16	22.5	26.75	14.8	24	34.12

设计造型分析

对于螺母零件，主要由以下特征组成：关于中心对称的零件主体、螺纹特征和倒角特征。主要应用的操作："凸台拉伸"命令、"旋转切除"命令、"拉伸切除"命令和"装饰螺纹线"命令。

操作步骤

1）选择"前视基准面"进入草图绘制，选择"多边形"命令，打开"多边形"属性管理器。"参数"设置为"6"，选中"内切圆"选项，选定六边形中心基准点，将内切圆直径调整为"16mm"，单击"确认"按钮 ✔，如图 4-54 所示。草图效果如图 4-55 所示。

2）拉伸凸台。选择"特征"→"拉伸凸台/基面"命令，打开"凸台-拉伸"属性管理器。"方向"选定"给定深度"，拉伸距离调整为 8.4mm，单击"确认"按钮 ✔，生成实体如图 4-56 所示。

3）创建基准面 1，选择"特征"→"参考几何体"→"基准面"命令，打开"基准面 1"属性管理器。"第一参考"与"第二参考"分别选择凸台对角棱线，几何关系单击"重合"按钮，如图 4-57 所示，基准面 1 具体位置如图 4-58 所示。

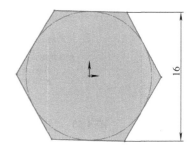

图 4-54　"多边形"属性管理器　　　　图 4-55　草图 1

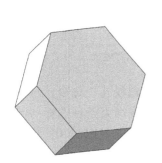

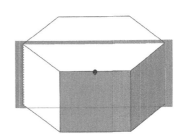

图 4-56　生成凸台　　图 4-57　"基准面 1"属性管理器　　图 4-58　基准面 1

4）旋转切除倒角。选择基准面 1 绘制如图 4-59 所示草图，其中，螺母法兰面半径 $r_w = 7.3\text{mm}$，倒角尺寸 $c = 0.8\text{mm}$，中心直线为旋转轴。

5）选择"特征"→"旋转切除"命令，打开"切除-旋转 12"属性管理器。选择草图 2 中心直线为旋转轴，取消选择"薄壁特征"，选定草图 2 倒角轮廓，单击"确认"按钮 ✔，如图 4-60 所示。旋转切除效果如图 4-61 所示。

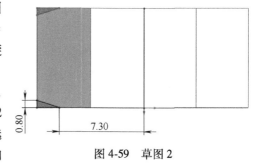

图 4-59　草图 2

6）拉伸切除螺纹内径。选择螺母端面为基准面绘制如图 4-62 所示草图。

7）选择"特征"→"拉伸切除"命令，打开"切除-拉伸"属性管理器。"方向"选择"完全贯穿"，轮廓选择草图 3，单击"确认"按钮 ✔，切除效果如图 4-63 所示。

图 4-60　"旋转切除"属性管理器

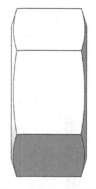

图 4-61　生成倒角

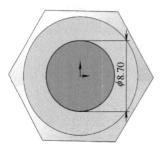

图 4-62　草图 3

图 4-63　拉伸切除效果

8）插入装饰螺纹线。选择"特征"→"异形孔向导"→"螺纹孔"命令，打开"螺纹线 1"属性管理器。"螺纹线位置"选择螺纹内径边线，螺纹线结束条件选择"给定深度"，深度设置为 10mm，螺纹类型选择"Metric Tap"，"尺寸"选择 M10×1.0，单击"确认"按钮 ✔，如图 4-64 所示。生成装饰螺纹线效果如图 4-65 所示。

图 4-64　"螺纹线 1"属性管理器

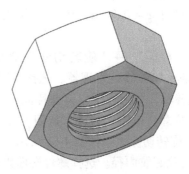

图 4-65　生成装饰螺纹线

9）保存文件。选择"文件"→"另存为"命令，系统弹出"另存为"对话框，将该文件保存为"luomu. SLDPRT"。

4.3.2 螺旋弹簧设计

弹簧一般情况下属于标准件，是一种弹性元件，可以在载荷作用下产生较大的弹性变形，在各类机械设备中得到广泛的应用。按照弹簧的形状不同，可以将弹簧分为螺旋弹簧、涡卷形盘簧和板簧等。螺旋弹簧又根据所承受的载荷不同，分为拉伸弹簧、压缩弹簧、扭转弹簧和弯曲弹簧等。

弹簧的结构比较简单，复杂的地方在于其形体依据螺旋规律变化，如图 4-66a ~ c 所示。从图中可以看出，弹簧的结构尽管有一些差别，但其三维模型的创建比较简单，只要一定的截面沿着适合的螺旋线扫描就可生成需要的弹簧。

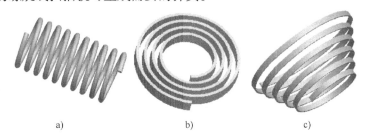

a)   b)   c)

图 4-66　弹簧零件

a）螺旋弹簧三维造型　b）涡卷形盘簧三维造型　c）圆锥螺旋弹簧三维造型

下面通过实例来具体说明利用 SolidWorks 软件设计螺旋弹簧、涡卷形盘簧的方法与一般过程，希望读者对照书上的内容亲自操作，细心体会其中的技巧。其设计结果文档见实例/04/lxtanhuang. prt，动画可扫描右侧二维码观看。

设计一螺旋弹簧，其三维模型如图 4-66a 所示。

4.3.2 螺旋弹簧设计

设计造型分析

在 SolidWorks 里创建螺旋弹簧零件，先生成螺纹线再进行扫描成形即可。创建螺旋弹簧零件主要应用的操作："螺纹线"命令和"扫描"命令。

操作步骤

1）选择"前视基准面"绘制如图 4-67 所示草图。

2）绘制螺旋线。选择"特征"→"曲线"→"螺旋线"命令，打开"螺旋线/涡状线 1"属性管理器。选中"恒定螺距"选项，"螺距"设置为"24mm"，"圈数"设为"10"圈，单击"确认"按钮 ✔，如图 4-68 所示。生成的螺旋线效果如图 4-69 所示。

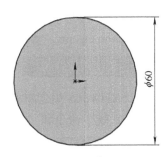

图 4-67　草图 1

3）扫描放样。选择"特征"→"扫描"命令，打开"扫描 1"属性管理器。选中"圆形轮廓"选项，路径选择步骤

2）生成的螺旋线，圆形直径设置为 12mm，单击"确认"按钮 ✔，如图 4-70 所示。扫描

放样效果如图 4-71 所示。

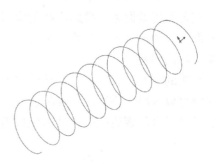

图 4-68 "螺旋线/涡状线 1"属性管理器　　　　图 4-69　生成螺纹线

图 4-70 "扫描 1"属性管理器　　　　图 4-71　生成实体

4）保存文件。选择"文件"→"另存为"命令，系统弹出"另存为"对话框，将该文件保存为"lxtanhuang. SLDPRT"。

4.3.3 涡卷形盘簧设计

设计一涡卷形盘簧，其三维模型如图 4-66b 所示。其设计结果文档见实例/04/wxpanhuang. prt，动画可扫描右侧二维码观看。

4.3.3 涡卷
形盘簧设计

设计造型分析

在 SolidWorks 里创建涡卷形盘簧零件与创建螺旋弹簧零件步骤大致相同。主要应用的操作："涡状线"命令和"扫描"命令。

操作步骤

1）绘制涡状线基圆选择"前视基准面"绘制如图 4-72 所示草图。

2）绘制涡状线。选择"特征"→"曲线"→"涡状线"命令，打开"螺旋线/涡状线3"属性管理器。"螺距"设置为"2mm"，"圈数"设置为"4"圈，"起始角度"为"0度"，单击"确认"按钮 ✓ ，如图4-73所示。生成的涡状线效果如图4-74所示。

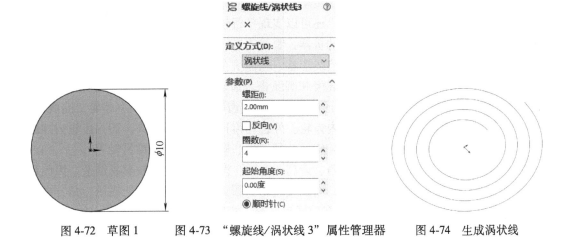

图4-72　草图1　　　图4-73　"螺旋线/涡状线3"属性管理器　　　图4-74　生成涡状线

3）绘制轮廓草图。选择"上视基准面"作为基准面，绘制如图4-75所示的草图。

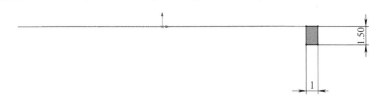

图4-75　草图2

4）扫描放样。退出草图后选择"特征"→"扫描"命令，打开"扫描1"属性管理器。扫描轮廓选择步骤3）的草图2，扫描路径选择步骤2）生成的涡状线，单击"确认"按钮 ✓ ，如图4-76所示。扫描放样效果如图4-77所示。

图4-76　"扫描1"属性管理器　　　　　图4-77　生成实体

5）保存文件。选择"文件"→"另存为"命令，系统弹出"另存为"对话框，将该文件保存为"wxpanhuang. SLDPRT"。

4.4 齿轮建模

齿轮机构依靠齿廓啮合传动，不仅传动比稳定、使用寿命长、效率高，而且工作可靠性高、适用的圆周速度和范围广。此外，还可以实现平行轴、任意相交轴甚至任意角交错轴之间的传动。因此，几乎所有回转运动的机器，都使用齿轮作为传动件。

齿轮可按齿廓曲线、齿轮外形、齿线形状、轮齿所在的表面和制造方法等分类。按照齿廓曲线可以将齿轮分为渐开线齿、摆线齿和圆弧齿。齿轮按其外形分为圆柱齿轮、锥齿轮、非圆齿轮、齿条、蜗杆-蜗轮。按齿线形状齿轮分为直齿轮、斜齿轮、人字齿轮、曲线齿轮。按轮齿所在的表面齿轮分为外齿轮、内齿轮。外齿轮齿顶圆比齿根圆大，而内齿轮齿顶圆比齿根圆小。按制造方法齿轮分为铸造齿轮、切制齿轮、轧制齿轮、烧结齿轮等。

齿轮的齿形包括齿廓曲线、压力角、齿高和变位。渐开线齿轮比较容易制造，因此现代使用的齿轮中渐开线齿轮占绝对多数，而摆线齿轮和圆弧齿轮应用较少。在压力角方面，以前有些国家采用过 14.5°和 15°，但是多数国家已统一规定为 20°。小压力角齿轮的承载能力较小；而大压力角齿轮，虽然承载能力较强，但在传递转矩相同的情况下轴承的负荷增大，因此大压力角齿轮仅用于特殊情况。齿高已标准化，一般均采用标准齿高。变位齿轮优点较多，已遍及各类机械设备中。

在生产实践中，渐开线圆柱齿轮是机械齿轮中重要的一种齿轮类型，更是最为普遍的一种齿轮样式。因此，本节着重介绍各种渐开线齿轮的造型设计，至于摆线齿轮和圆弧齿轮的造型设计，由于设计思路基本相同，读者可以参照渐开线齿轮的设计方法类推。

圆柱齿轮根据轮齿的方向，可分为直齿圆柱齿轮、斜齿圆柱齿轮和人字齿圆柱齿轮，如图 4-78 所示。齿轮一般由轮体、轮齿、辐板、轮毂等组成。在齿轮的造型设计中，轮齿的创建最为关键，理论性也最强，需要复杂的数学公式进行渐开线齿廓曲线的三维坐标计算。

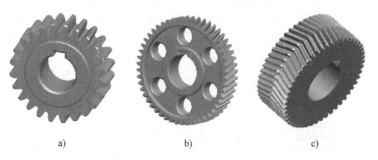

a)   b)   c)

图 4-78 圆柱齿轮三维模型

a）直齿圆柱齿轮   b）斜齿圆柱齿轮   c）人字齿圆柱齿轮

下面通过实例来具体说明利用 SolidWorks 软件设计直齿、斜齿和人字齿圆柱齿轮的方法与一般过程，希望读者对照书上的内容亲自操作，细心体会其中的技巧。

4.4.1 直齿圆柱齿轮设计

当圆柱齿轮的轮齿方向与圆柱的素线方向一致时，称为直齿圆柱齿轮。直齿圆柱齿轮各部分名称与基本参数如下。

1）节圆直径 d'、分度圆直径 d。对单个齿轮而言，作为设计、制造齿轮时进行各部分尺寸计算的基准圆，也是分齿的圆，称为分度圆。标准齿轮 $d=d'$。

2）齿顶圆直径 d_a。通过轮齿顶部的圆，称为齿顶圆。

3）齿根圆直径 d_f。通过齿槽根部的圆，称为齿根圆。

4）齿顶高 h_a、齿根高 h_f、齿高 h_f。齿顶圆与分度圆的径向距离称为齿顶高；分度圆与齿根圆的径向距离称为齿根高；齿顶圆与齿根圆的径向距离称为齿高。其尺寸关系为：$h = h_a+h_f$。

5）齿厚 s、槽宽 e、齿距 p。每个轮齿在分度圆上的弧长称为齿厚；每个齿槽在分度圆上的弧长称为槽宽；相邻两齿廓对应点间在分度圆上的弧长称为齿距。两啮合齿轮的齿距必须相等。齿距 p、齿厚 s、槽宽 e 间的尺寸关系为：$p=s+e$，标准齿轮的齿厚与槽宽相等。

6）模数。若以 z 表示齿轮的齿数，则分度圆周长 $l = \pi \cdot d = z \cdot p$，即 $d=z \cdot p/\pi$。令 $p/\pi=m$，则 $d=m \cdot z$，式中，m 称为模数。因为相互啮合的两齿轮齿距 p 必须相等，所以它们的模数也相等。

为了齿轮设计与加工的方便，模数的数值已标准化。模数越大，轮齿的高度、厚度也越大，承受的载荷也越大，在相同条件下，模数越大，齿轮也越大。

设计直齿圆柱齿轮，效果如图 4-78a 所示。已知齿轮的参数为：模数 $m=4\text{mm}$，齿数 $z=24$，压力角为标准压力角 $\alpha=20°$，齿宽 $B=35\text{mm}$。其设计结果文档见实例/04/zhchilun.prt，动画可扫描右侧二维码观看。

4.4.1　直齿圆柱齿轮设计

设计造型分析

对于直齿轮零件（见图 4-79），主要由以下特征组成：关于中心对称的零件主体、渐开线轮齿、键槽、轴孔和倒角特征。

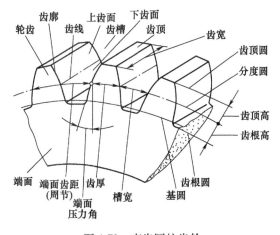

图 4-79　直齿圆柱齿轮

操作步骤

1）由给定的基本参数，计算齿轮的其他参数。

分度圆直径 $d=m \cdot z=4\text{mm}×24=96\text{mm}$

齿顶圆直径 $d_a = d + 2h_a^* \cdot m = 96\text{mm} + 2 \times 1 \times 4\text{mm} = 104\text{mm}$

式中　h_a^*——齿顶高系数，通常取 1。

齿根圆直径 $d_f = d - 2(h_a^* + c^*) \cdot m = 96\text{mm} - 2 \times (1 + 0.25) \times 4\text{mm} = 86\text{mm}$

式中　c^*——顶隙系数，通常取 0.25。

基圆直径 $d_b = d \cdot \cos\alpha = 96\text{mm} \times \cos 20° = 90.2105\text{mm}$

2）创建轮坯。选择前视基准面绘制如图 4-80 所示草图 1。

3）拉伸凸台。选择"特征"→"拉伸凸台/基面"命令，打开"凸台-拉伸"属性管理器。"方向"选定"两侧对称"，拉伸距离调整为"30mm"，单击"确认"按钮 ✔，生成实体如图 4-81 所示。

4）选择凸台任意端面为基准面绘制如图 4-82 所示草图 2。

5）选择"拉伸切除"命令，打开"切除-拉伸"属性管理器。"方向"选定"给定深度"，拉伸距离调整为"4mm"，选中"等距反转"选项，调整切除方向确保切除实体，单击"确认"按钮 ✔，如图 4-83 所示。

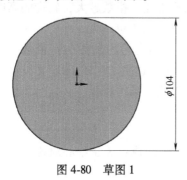

图 4-80　草图 1

图 4-81　生成实体 1

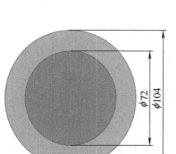

图 4-82　草图 2

图 4-83　生成实体 2

6）镜像步骤 5）特征。选择"特征"→"镜像"命令，打开"镜像"属性管理器。"镜像面"选择"前视基准面"，镜像特征选择步骤 5）拉伸切除特征，单击"确认"按钮 ✔，如图 4-84 所示。镜像效果如图 4-85 所示。

7）创建轴孔。选择齿坯端面为基准面，绘制如图 4-86 所示草图 3。

8）选择"特征"→"拉伸切除"命令，打开"切除-拉伸"属性管理器。"方向"选定"完全贯穿"，拉伸目标选择草图 3，单击"确认"按钮 ✔，拉伸切除效果如图 4-87 所示。

图 4-84 "镜像"属性管理器

图 4-85 镜像效果

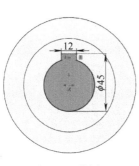

图 4-86 草图 3

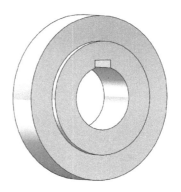

图 4-87 生成实体 3

9）倒角。倒角尺寸为 1×45°，倒角位置及效果如图 4-88 所示。

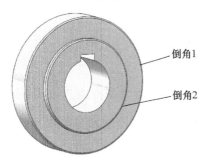

图 4-88 倒角效果

10）编辑齿轮参数。选择"工具"→"方程式"命令，打开"方程式"对话框。输入模数"4"、齿数"24"、压力角"20°"，其他参数输入方程式后计算得出，如图 4-89 所示，单击"确定"按钮，保存齿轮参数。

11）绘制渐开线。选择"样条曲线"→"方程式驱动的曲线"命令，打开"方程式驱动的曲线"属性管理器。"方程式类型"选择"参数性"，输入如图 4-90 所示参数，单击

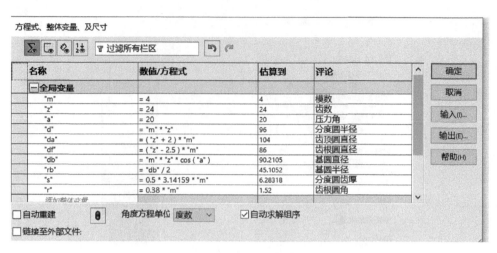

图 4-89　齿轮参数

"确认"按钮 ✔，渐开线如图 4-91 所示。

图 4-90　"方程式驱动的曲线"
属性管理器

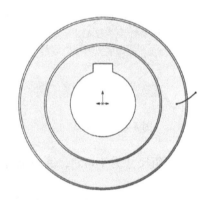

图 4-91　生成渐开线

12）绘制齿形草图。选择轮坯端面为基准面进入草图绘制。根据分度圆齿厚 $s = 2\pi$ $\left(s = m \cdot \pi/2 = \dfrac{4 \times \pi}{2} \right)$ 和齿根圆角 $r = 1.52°$，绘制如图 4-92 所示草图 4。选择"线性草图阵列" →"圆周草图阵列"命令，打开"圆周阵列"属性管理器。阵列方向选择任意圆周边线，阵列个数设置为"2"个，选中"标注角间距"选项，调整阵列角度为"14°"，阵列实体选择草图 4，单击"确认"按钮 ✔，如图 4-93 所示。利用"剪裁"命令去除多余图线，得到如图 4-94 所示草图。

📖 在用"方程式"命令创建/特征完成的条件下，输入图形尺寸参数时以"＝"开始可以链接方程式参数。

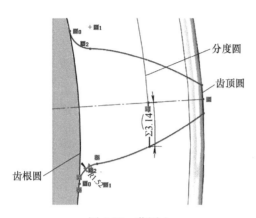

分度圆

齿顶圆

齿根圆

图 4-92　草图 4　　　　　　　　　图 4-93　"圆周阵列"属性管理器

13）拉伸切除轮齿。选择"特征"→"拉伸切除"命令，打开"切除-拉伸"属性管理器。"方向"选定"完全贯穿"，拉伸目标选择草图 5，单击"确认"按钮 ✔，拉伸切除效果如图 4-95 所示。

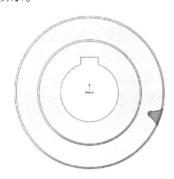
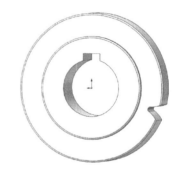

图 4-94　草图 5　　　　　　　　　图 4-95　拉伸切除

14）阵列多个轮齿特征。选择"特征"→"线性阵列"→"圆周阵列"命令，打开"阵列（圆周）1"属性管理器。"阵列方向"选择齿轮圆周边线，选择"等间距"，阵列个数选择"24"个，阵列特征选择轮齿拉伸切除特征，单击"确认"按钮 ✔，如图 4-96 所示。轮齿阵列效果如图 4-97 所示。

15）保存文件。选择"文件"→"另存为"命令，系统弹出"另存为"对话框，将该文件保存为"zhchilun. SLDPRT"。

4.4.2　斜齿圆柱齿轮设计

齿轮传动的种类有很多种，其中斜齿圆柱齿轮的传动效率很高，直齿圆柱齿轮的传动效率低于斜齿圆柱齿轮。斜齿圆柱齿轮与直齿轮机构一样，斜齿圆柱齿轮可以利用减小中心距 a 的方法以提高传动的承载能力，可用于高速运转状态。斜齿轮减速机是一种新颖减速传动装置。斜齿轮减速机体积小、质量轻，并且经济性好。

图 4-96 "阵列（圆周）1"
属性管理器

图 4-97 直齿轮建模效果

斜齿轮的建模与直齿轮建模类似，但斜齿轮部分基本参数与直齿轮不同。

（1）螺旋角

螺旋角：指斜齿轮的轮齿与轴线之间的夹角。螺旋角是斜齿轮所特有的特征，在直齿齿轮中不存在。一般来说，平时所指的斜齿轮的螺旋角，是指分度圆柱面上的螺旋角。螺旋角越大，则重合度越大，越有利于运动平稳和降低噪声。但任何事物都是两面的，增大螺旋角虽然带来了诸多优点，但工作时产生的轴向力也增大，所以螺旋角大小应取决于工作的质量要求和加工精度，如若对噪声有特殊要求时，可根据情况取较大值。

螺旋线旋向判别：首先将齿轮轴线垂直，若螺旋线右边高为右旋；反之，螺旋线左边高为左旋。

（2）端面和法面的参数

1）法面：指与螺旋线垂直的平面，法面上的参数一般加下标 n。法面的参数有法面模数、法面的压力角、法面的齿顶高系数、法面的顶隙系数，通常规定法面内的参数为标准参数。

2）端面：指垂直于齿轮轴线的平面，端面上的参数一般加下标 t。端面参数有：端面模数、端面压力角、端面齿顶高系数、端面顶隙系数。

（3）一对斜齿轮正确啮合条件

螺旋角必须大小相等，方向相反。法面模数 m 与法面压力角要求分别相等。在计算时可将直齿轮的计算公式直接用于斜齿轮的端面，这是因为一对斜齿轮传动在端平面上相当于一对直齿轮传动。

设计斜齿圆柱齿轮，效果如图 4-78b 所示。已知齿轮的参数为：法面模数 $m_n = 1mm$，齿数 $z = 50$，法面压力角为标准压力角 $\alpha = 20°$，螺旋角 $\beta = 18°$，齿宽 $B = 10mm$。其设计结果文档见实例/04/xchilun.prt，动画可扫描右侧二维码观看。

4.4.2 斜齿圆柱齿轮设计

设计造型分析

在 SolidWorks 里创建斜齿轮与直齿轮的步骤大致相同，但斜齿轮与直齿轮的齿形不同，直齿轮齿形由拉伸切除成形，斜齿轮的齿形由扫描切除成形。创建斜齿轮主要应用的操作：

"凸台拉伸"命令、"方程式"命令、"螺纹线"命令、"扫描切除"命令、"圆周阵列"命令和"倒角"命令。

操作步骤

1）由给定的基本参数，计算齿轮的其他参数。

端面模数 $m_t = m_n / \cos\beta = 1\text{mm} / \cos 18° = 1.05146\text{mm}$

分度圆直径 $d = m_t \cdot z = 1.05146\text{mm} \times 50 = 52.5731\text{mm}$

齿顶圆直径 $d_a = d + 2h_a^* \cdot m = 52.5731\text{mm} + 2 \times 1 \times 1\text{mm} = 54.5731\text{mm}$

齿根圆直径 $d_f = d - 2(h_a^* + c^*) \cdot m = 52.5731\text{mm} - 2 \times (1 + 0.25) \times 1\text{mm} = 50.0731\text{mm}$

端面压力角 $\alpha_t = \arctan(\tan\alpha_n / \cos\beta) = 20.9419°$

基圆直径 $d_b = d \cdot \cos\alpha_t = 52.5731\text{mm} \times \cos 20.9419° = 49.1003\text{mm}$

2）编辑齿轮参数。选择"工具"→"方程式"命令，打开"方程式"对话框，如图 4-98 所示。输入图中所示参数，单击"确定"按钮，保存方程式。

方程、整体变量、及尺寸

名称	数值/方程式	估算到	评论
"Mn"	= 1	1	法向模数
"Z"	= 50	50	齿数
"B"	= 10	10	齿宽
"Beta"	= 18	18	螺旋角
"Dir"	= 0	0	旋向（0右旋，1左旋）
"Alpha_n"	= 20	20	法向压力角
"Alpha_t"	= atn (tan ("Alpha_n") / cos ("Beta")	20.9419	端面压力角
"Mt"	= "Mn" / cos ("Beta")	1.05146	端面模数
"Hax"	= 1	1	法向齿顶高系数
"Cx"	= 0.25	0.25	法向顶隙系数
"Ha"	= "Hax" * "Mn"	1	法向齿顶高（与端面相等）
"Hf"	= ("Hax" + "Cx") * "Mn"	1.25	法向齿根高（与端面相等）
"D"	= "Mt" * "Z"	52.5731	端面分度圆直径
"Db"	= "D" * cos ("Alpha_t")	49.1003	端面基圆直径
"Df"	= "D" - 2 * "Hf"	50.0731mm	端面齿根圆直径
"Da"	= "D" + 2 * "Ha"	54.5731mm	端面齿顶圆直径
"Zv"	= "Z" / (cos ("Beta") ^ 3)	58.1234	当量齿数
"P"	= tan (90 - "Beta") * pi * "D"	508.32mm	螺距
添加整体变量			
特征			
添加特征压缩			

确定 / 取消 / 输入(I)... / 输出(E)... / 帮助(H)

□自动重建   角度方程单位 度数   ☑自动求解组序
□链接至外部文件：

图 4-98 齿轮参数

3）绘制草图。选择"圆"命令，打开"圆"属性管理器。选择中心基准点，在"参数"选项组输入直径时，以"="开始，链接端面齿顶圆直径"Da"，单击"确认"按钮 ✓ ，如图 4-99 所示。

4）凸台拉伸。选择"特征"→"拉伸凸台"命令，打开"凸台-拉伸"属性管理器。"方向"选定"两侧对称"，拉伸距离以"="开始链接齿宽"B"，单击"确认"按钮 ✓ ，如图 4-100 所示。

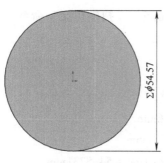

图 4-99　草图 1

图 4-100　生成实体

5）绘制渐开线。选择"样条曲线"→"方程式驱动的曲线"命令，打开"方程式驱动的曲线"属性管理器。"方程式类型"选择"参数性"，输入如图 4-101 所示参数，单击"确认"按钮 ✔，渐开线自动弹出，如图 4-102 所示。

图 4-101　"方程式驱动的曲线"属性管理器

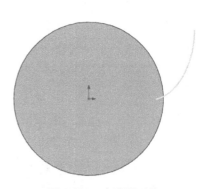

图 4-102　生成渐开线

6）绘制螺旋线。选择"曲线"→"螺旋线"命令，打开"螺旋线/涡状线"属性管理器。"定义方式"选择"高度和螺距"，"高度"与"螺距"尺寸随意，单击"确认"按钮 ✔，如图 4-103 所示。螺旋线效果如图 4-104 所示。

7）调整螺旋线尺寸。双击螺旋线，输入螺旋线参数，以"="开始，螺旋线高度尺寸链接"B"，螺距尺寸链接"P"，生成的新螺旋线如图 4-105 所示。

8）进行倒角。倒角尺寸 0.5×45°。选择"特征"→"倒角"命令，选择需要倒角的项目，然后调整尺寸即可。倒角位置及效果如图 4-106 所示。

图 4-103　"螺旋线/涡状线"属性管理器

9）绘制齿形草图。根据端面分度圆直径、单齿齿厚与渐开线的关系，绘制如图 4-107 所示的齿形草图。

10）扫描切除轮齿。选择"特征"→"扫描切除"命令，打开"切除-扫描 2"属性管理器。扫描轮廓选择步骤 9）齿形草图，扫描路径选择步骤 7）生成的螺旋线，单击"确认"按钮 ✓，如图 4-108 所示。扫描切除效果如图 4-109 所示。

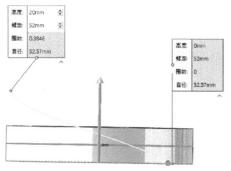

图 4-104　生成螺旋线

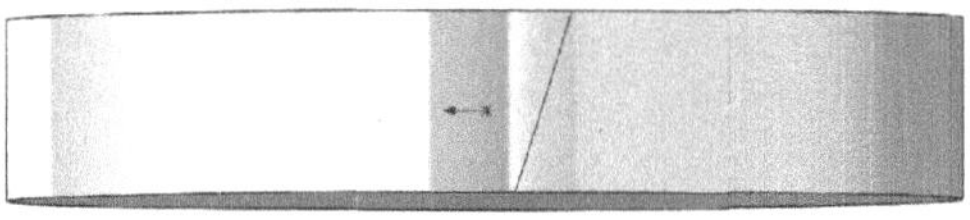

图 4-105　生成新螺旋线

图 4-106　倒角效果

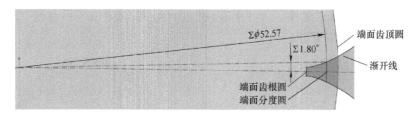

图 4-107　草图 2

图 4-108　"切除-扫描 2"属性管理器

图 4-109　扫描切除效果

11）阵列多个轮齿特征。选择"线性阵列"→"圆周阵列"命令，打开"阵列（圆周）1"属性管理器。阵列方向选择齿轮圆周边线，选中"等间距"选项，阵列个数选择"50"个，阵列特征选择步骤 10）轮齿扫描切除特征，单击"确认"按钮 ✓，如图 4-110 所示。阵列效果如图 4-111 所示。

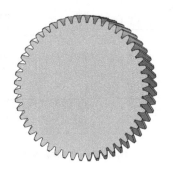

图 4-110 "阵列（圆周）1"属性管理器　　　　图 4-111　阵列效果

12）创建轴孔。选择齿坯端面为基准面绘制如图 4-112 所示草图 3。选择"特征"→"拉伸切除"命令，打开"切除-拉伸"属性管理器。"方向"选定"完全贯穿"，拉伸目标选择草图 3，单击"确认"按钮 ✓，轴孔效果如图 4-113 所示。

13）保存文件。选择"文件"→"另存为"命令，系统弹出"另存为"对话框，将该文件保存为"xchilun. SLDPRT"。

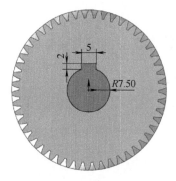

图 4-112　草图 3　　　　　　　　　　图 4-113　生成轴孔

4.4.3　人字齿圆柱齿轮设计

斜齿轮在轴向存在轴向力，为消除这种轴向力，可以把一个齿轮做成对称但倾斜方向相反的斜齿轮，来消除这种力。这种齿形看上去像个"人"字，简称为人字齿轮。人字齿轮是一种圆柱齿轮，在某一部分齿宽上为右旋齿，而在另一部分齿宽上为左旋齿。人字齿轮具有承载能力高、传动平稳和轴向载荷小等优点，在重型机械的传动系统中有着广泛的应用。人字齿轮需要将两侧分别制造，然后组合到一起；或虽将两侧作为一体，但在两侧有效齿面之间要留下必要的越程槽；或者采用插齿的加工方法，但也需要将两侧齿面断开，如图 4-114 所示。

图 4-114　人字齿轮

人字齿轮是特殊的斜齿圆柱齿轮，可以考虑采用对称镜像斜齿圆柱齿轮的方法来生成人字齿轮。其设计结果文档见实例/04/rzchi. prt，动画可扫描右侧二维码观看。

4.4.3　人字齿圆柱齿轮设计

设计一人字齿轮，效果如图 4-78c 所示。已知齿轮的参数为：法面模数 $m_n = 1mm$，齿数 $z = 50$，法面压力角为标准压力角 $\alpha = 20°$，螺旋角 $\beta = 18°$，齿宽 $B = 20mm$。

设计造型分析

在 SolidWorks 里创建人字齿轮时通常先创建相同尺寸斜齿轮，然后使用"镜像"命令生成实体。

操作步骤

1）创建斜齿轮。单个斜齿轮的创建与 4.4.2 节步骤相同。

2）镜像斜齿轮。选择"特征"→"线性阵列"→"镜像"命令，打开"镜像 1"属性管理器。"镜像面"选择斜齿轮端面，"要镜像的实体"选择整个斜齿轮，单击"确认"按钮 ✓，如图 4-115 所示。生成实体如图 4-116 所示。

3）保存文件。选择"文件"→"另存为"命令，系统弹出"另存为"对话框，将该文件保存为"rzchi. SLDPRT"。

图 4-115　"镜像 1"属性管理器

图 4-116　镜像实体

4.5 蜗轮蜗杆建模

蜗轮蜗杆机构是由交错轴斜齿圆柱齿轮机构演变而来的。如图 4-117 所示，在一对交错角 $\Sigma = 90°$ 且 β_1 和 β_2 旋向相同的交错轴斜齿轮机构中，若小齿轮 1 的螺旋角取得很大、其分度圆柱的直径 d_1 取得较小，且其轴向长度 b_1 较长，齿数 z_1 很少（一般 $z_1 = 1 \sim 4$），则其每个轮齿在分度圆柱面上能缠绕一周以上，这样的小齿轮外形像一根螺杆，称为蜗杆。大齿轮 2 的 β_2 较小、分度圆柱的直径 d_2 很大、轴向长度 b_2 较短、齿数 z_2 很多，它实际上是一个斜齿轮，称为蜗轮。这样的交错轴斜齿轮机构啮合传动时，其齿廓间仍为点接触。为了改善啮合状况，将蜗轮分度圆柱面的母线改为圆弧形，使之将蜗杆部分包住（图 4-118），并用与蜗杆形状和参数相同的滚刀（两者的差别仅

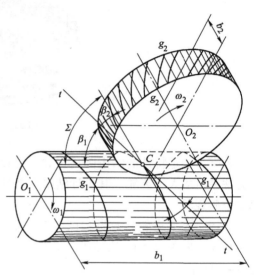

图 4-117　交错轴斜齿圆柱齿轮机构

在于滚刀的外径稍大，以便加工出顶隙）用展成法加工蜗轮。这样加工出来的蜗轮与蜗杆啮合传动时，其齿廓间为线接触，可传递较大的动力。这样的传动机构称为蜗轮蜗杆机构（又称蜗杆传动机构）。

由蜗轮蜗杆的形成可以看出，蜗轮蜗杆机构具有以下两个明显的特征：其一，它是一种特殊的交错轴斜齿轮机构，其特殊之处在于 $\Sigma = 90°$，齿数 z_1 很少（一般 $z_1 = 1 \sim 4$）；其二，它具有螺旋机构的某些特点，蜗杆相当于螺杆，蜗轮相当于螺母，蜗轮部分包住蜗杆。

蜗杆与蜗轮是成对出现、成对存在的，所以其结构必须相互吻合。对于蜗杆来说，按照形状不同，可分为圆柱蜗杆和圆弧蜗杆，而圆柱蜗杆又按照其螺旋面形状不同，分为阿基米德蜗杆和渐开线蜗杆等。由于阿基米德蜗杆及其与之相适应的蜗轮最为常用，本节将以此为例进行介绍。

图 4-118 所示为阿基米德蜗轮蜗杆机构的啮合传动情况。过蜗杆轴线作一垂直于蜗轮轴线的平面，该平面称为蜗杆传动的中间平面。由图可以看出，在该平面内蜗杆与蜗轮的啮合传动相当于齿条与齿轮的传动。因此，蜗杆蜗轮机构的正确啮合条件为：在中间平面中，蜗杆与蜗轮的模数和压力角分别相等。阿基米德蜗杆螺旋面的形成与螺纹的形成相同。所以，可以考虑采用螺旋扫描切除生成阿基米德蜗杆。

普通蜗杆、蜗轮传动的主要参数包括模数 m、压力角 α、蜗杆头数 z_1、蜗轮齿数 z_2、蜗杆直径系数 q、蜗杆分度圆导程角 λ、传动比 i 和中心距 a 等。

蜗杆、蜗轮传动用于传递交错轴之间的运动和动力，在工程中应用十分广泛。由于其外形曲面比较复杂，应用传统方法进行绘制时，过程烦琐、效率低，随着 CAD 技术、虚拟技术的迅速发展，应用先进的三维软件可以实现复杂零件的造型设计。

本节通过向读者展示蜗杆、蜗轮等零件造型设计的一般方法与步骤，使读者掌握利用

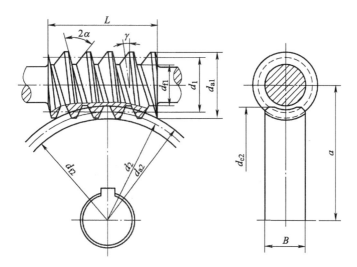

图 4-118　阿基米德蜗轮蜗杆传动的主要参数

SolidWorks 软件进行相关零件的分析与设计。

4.5.1　蜗杆设计

4.5.1
蜗杆设计

　　设计一阿基米德蜗杆，已知其主要参数为模数 4mm、头数 2、直径系数 10、传动中心距 98mm、螺旋升角 11.3099°。其三维模型如图 4-119a 所示。其设计结果文档见实例/04/wogan.prt，动画可扫描右侧二维码观看。

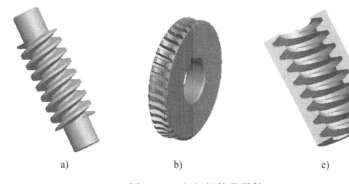

图 4-119　蜗杆蜗轮类零件

a）蜗杆　b）蜗轮　c）螺旋齿廓筒

🔧 设计造型分析

　　对于蜗杆零件，主要由以下特征组成：关于中心对称的零件主体、螺纹特征和倒角特征。创建以上特征主要应用到的操作："旋转凸台"命令、"螺旋线"命令、"扫描切除"命令、"阵列"命令和"倒角"命令。

🔧 操作步骤

　　1）计算蜗杆的几何尺寸如下。

中圆直径 $d_1 = m \times q = 4\text{mm} \times 10 = 40\text{mm}$

齿顶圆直径 $d_{a1} = d_1 + 2h_a = (40 + 2m)\text{mm} = 48\text{mm}$

齿根圆直径 $d_{f1} = d_1 - 2h_f = (40 - 2 \times 1.2m)\text{mm} = 30.4\text{mm}$

轴向齿距 $p_{a1} = \pi \cdot m = 3.14159 \times 4\text{mm} = 12.566\text{mm}$

螺距 $s = d_1 \times \pi \times \tan(11.3099°) = 25.132\text{mm}$

2）选择"前视基准面"绘制如图4-120所示草图。

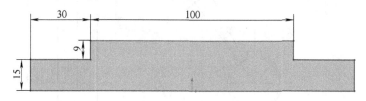

图4-120　草图1

3）旋转凸台。选择"特征"→"旋转凸台/基体"命令，打开"旋转"属性管理器。"旋转轴"选择中心线，旋转角度选择360°，单击"确认"按钮 ✔，生成实体如图4-121所示。

4）进行必要倒角。倒角尺寸2×45°。选择"特征"→"倒角"命令，打开"倒角"属性管理器。选择需要倒角的项目，然后调整距离尺寸为"2mm"，角度为45°，单击"确认"按钮 ✔，倒角效果及位置如图4-122所示。

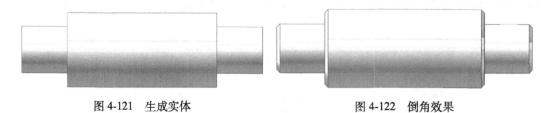

图4-121　生成实体　　　　　　　　　　图4-122　倒角效果

5）选择凸台端面为基准面进行草图绘制，选择"转换实体引用"命令，打开"转换实体引用"属性管理器。将齿顶圆直径转化为实体引用，单击"确认"按钮 ✔，如图4-123所示。生成草图2如图4-124所示。

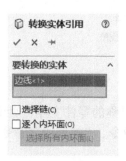

图4-123　"转换实体引用"属性管理器

图4-124　草图2

6）绘制螺旋线。选择"特征"→"曲线"→"螺旋线"命令，打开"螺旋线/涡状线

1"属性管理器。螺旋线"螺距"设置为"25.132mm","圈数"设置为"5.75"圈,"起始角度"为"0°"。单击"确认"按钮 ✓,如图4-125所示。生成螺旋线如图4-126所示。

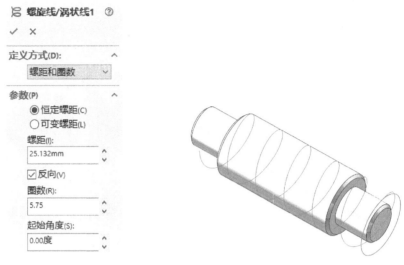

图4-125 "螺旋线/涡状线1"属性管理器   图4-126 生成螺旋线

7)绘制齿形轮廓草图。选择"前视基准面"进入草图绘制,选择"转化实体引用"命令,将步骤6)螺旋线转化为实体引用。在螺旋线起始位置绘制齿形轮廓草图,草图尺寸及位置如图4-127所示,之后使用"剪裁"命令去除草图中的螺旋线。

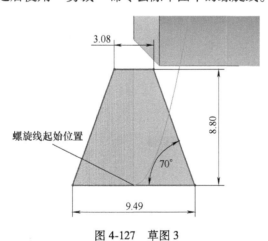

图4-127 草图3

8)扫描切除。选择"特征"→"扫描切除"命令,打开"切除-扫描1"属性管理器。草图轮廓选择步骤7)所绘制草图3,扫描路径选择步骤6)所绘制的螺旋线,单击"确认"按钮 ✓,如图4-128所示。扫描切除效果如图4-129所示。

9)阵列特征。选择"特征"→"线性阵列"→"圆周阵列"命令,打开"阵列(圆周)1"属性管理器。阵列方向设置为蜗杆边线,选中"实例间距",角度设置为180°,阵列特征选择步骤8)生成的扫描切除特征,单击"确认"按钮 ✓,如图4-130所示,阵列效果如图4-131所示。

10）保存文件。选择"文件"→"另存为"命令，系统弹出"另存为"对话框，将该文件保存为"wogan. SLDPRT"。

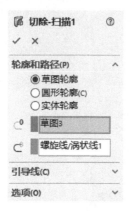

图 4-128 "切除-扫描 1"属性管理器

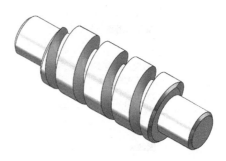

图 4-129 扫描切除效果

图 4-130 "阵列（圆周）1"属性管理器

图 4-131 阵列效果

4.5.2 蜗轮设计

设计一阿基米德蜗轮，已知其主要参数为模数 4mm、齿数 39、传动中心距 98mm、螺旋角 11.3099°。其三维模型如图 4-119b 所示。其结果文档见实例/04/wolun. prt，动画可扫描右侧二维码观看。

4.5.2
蜗轮设计

设计造型分析

对于蜗轮零件，主要由以下特征组成：关于中心对称的零件主体和螺纹特征。创建以上特征主要应用到的操作："旋转凸台"命令、"螺旋线"命令、"扫描切除"命令和"阵列"命令。

操作步骤

1）计算蜗轮的几何尺寸如下。

分度圆直径 $d_2 = m \cdot z_2 = 4\text{mm} \times 39 = 156\text{mm}$

齿顶圆直径 $d_{a2} = d_2 + 2h_a = (156 + 2m)\text{mm} = 164\text{mm}$

蜗杆齿顶圆直径 $d_{a1} = d_1 + 2h_a = (40 + 2m)\text{mm} = 48\text{mm}$

齿根圆直径 $d_{f2} = d_1 - 2h_f = (156 - 2 \times 1.2m)\text{mm} = 146.4\text{mm}$

轴向齿距 $p_{a2} = \pi \cdot m \approx 3.14159 \times 4\text{mm} \approx 12.566\text{mm}$

螺距 $s = 25.132\text{mm}$

轮缘宽度 $B \leqslant 0.75d_{a1} = 0.75 \times 48\text{mm} = 36\text{mm}$，设计 $B = 30\text{mm}$

蜗轮外径 $d_{e2} \leqslant d_{a2} + 1.5m = (156 + 6)\text{mm} = 162\text{mm}$，设计 $d_{e2} = 162\text{mm}$

2）选择"前视基准面"绘制如图 4-132 所示草图。

3）旋转凸台。选择"特征"→"旋转凸台"命令，打开"旋转"属性管理器。"旋转轴"选择中心轴线，旋转轮廓选择蜗轮主体草图，单击"确认"按钮 ✔，旋转后实体如图 4-133 所示。

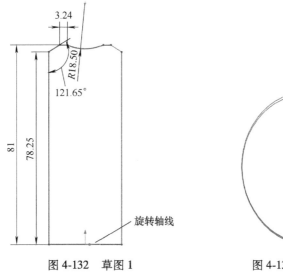

图 4-132　草图 1　　　　　　　　　　图 4-133　旋转凸台效果

4）创建辅助基准面。选择"特征"→"参考集合体"→"基准面"命令，打开"基准面 1"属性管理器。以"前视基准面"为"第一参考"，参考特征选择"距离"，距离设置为轴向齿距"12.566mm"，如图 4-134 所示。生成基准面如图 4-135 所示。

5）在步骤 4）创建的基准面上进行草图绘制，使用"转化实体引用命令"将草图 1 中半径为 18.5mm 的圆弧转化为实体引用，使用"圆"命令补全圆形，如图 4-136 所示。

6）绘制螺旋线。选择"特征"→"曲线"→"螺旋线"命令，打开"螺旋线/涡状线 1"属性管理器。"螺距"设置为"25.132mm"，调整"反向"选项确保螺旋线穿过实体，"圈数"设置为"1"圈，"起始角度"设置为"90°"，单击"确认"按钮 ✔，如图 4-137 所示。生成螺旋线如图 4-138 所示。

图 4-134　"基准面 1"属性管理器

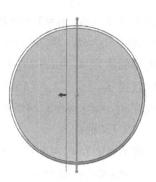

图 4-135　生成基准面

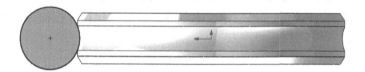

图 4-136　草图 2

图 4-137　"螺旋线/涡状线 1"属性管理器

图 4-138　生成螺旋线

7）绘制齿形轮廓草图。选择"右视基准面"进入草图绘制，选择"转化实体引用"命令，将步骤 6）螺旋线转化为实体引用。在螺旋线起始位置绘制齿形轮廓草图，草图尺寸及位置如图 4-139 所示。草图绘制完成后使用"剪裁"命令去除草图中的螺旋线。

8）扫描切除齿形。选择"特征"→"扫描切除"命令，打开"切除-扫描 1"属性管理器。扫描轮廓选择步骤 7）所绘制草图，扫描路径选择步骤 6）所绘制的螺旋线，单击"确认"按钮 ✓，如图 4-140 所示。扫描切除效果如图 4-141 所示。

9）阵列扫描特征。选择"特征"→"线性阵列"→"圆周阵列"命令，打开"阵列（圆周）2"属性管理器。阵列方向选择蜗轮边线，选中"等间距"选项，阵列角度设置为"360°"，阵列数目设置为"50"个，阵列特征选择扫描切除出的齿形，单击"确认"按钮 ✓，如图 4-142 所示。阵列效果如图 4-143 所示。

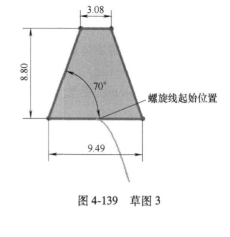

图 4-139　草图 3

图 4-140　"切除-扫描 1"属性管理器

图 4-141　扫描切除效果

图 4-142　"阵列（圆周）2"
属性管理器

图 4-143　阵列效果

10）保存文件。选择"文件"→"另存为"命令，系统弹出"另存为"对话框，将该文件保存为"wolun. SLDPRT"。

4.5.3 螺旋齿廓筒设计

设计一阿基米德螺旋齿廓筒，其三维模型如图 4-119c 所示。其设计结果文档见实例/04/lxtong.prt，动画可扫描右侧二维码观看。阿基米德螺旋齿廓筒主要参数为模数 4mm、头数 2、直径系数 10、传动中心距 98mm、螺旋角 11.3099°。

4.5.3 螺旋齿廓筒设计

设计造型分析

对于螺旋齿廓筒零件，主要由以下特征组成：关于中心对称的零件主体和螺纹特征。创建以上特征主要应用到的操作："旋转凸台"命令、"螺旋线"命令、"扫描切除"命令和"阵列"命令。

操作步骤

1）计算螺旋齿廓筒的几何尺寸，各个尺寸与蜗杆计算相同，从略。

2）选择"前视基准面"绘制如图 4-144 所示草图。

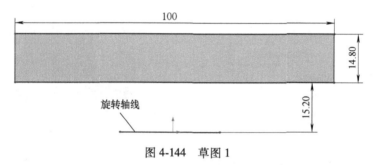

图 4-144　草图 1

3）旋转凸台。选择"特征"→"旋转凸台/基体"命令，打开"旋转 2"属性管理器。"旋转轴"选择中心线，旋转角度为"360°"，旋转轮廓选择草图 1，单击"确认"按钮 ✔，如图 4-145 所示。旋转凸台效果如图 4-146 所示。

图 4-145　"旋转 2"属性管理器

图 4-146　生成实体

4）选择圆筒端面为基准面进行草图绘制。使用"转化实体引用"命令将齿根圆转化为实体，如图 4-147 所示草图 2。

5）绘制螺旋线。选择"特征"→"曲线"→"螺旋线"命令，打开"螺旋线/涡状线1"属性管理器。"螺距"设置为"25.132mm"，"圈数"设置为"5"圈，"起始角度"为"0°"，单击"确认"按钮 ✓，如图 4-148 所示。生成螺旋线如图 4-149 所示。

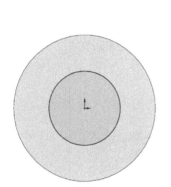

图 4-147　草图 2　　图 4-148　"螺旋线/涡状线　　图 4-149　生成螺旋线
1"属性管理器

6）绘制齿形轮廓草图。选择"上视基准面"进入草图绘制，选择"转化实体引用"命令，将步骤 5）螺旋线转化为实体引用。在螺旋线起始位置绘制齿形轮廓草图，草图尺寸及位置如图 4-150 所示。草图绘制完成后使用"剪裁"命令去除草图中的螺旋线。

7）扫描切除。选择"特征"→"扫描切除"命令，打开"切除-扫描 1"属性管理器。草图轮廓选择步骤 6）所绘制草图 3，扫描路径选择步骤5）所绘制的螺旋线，单击"确认"按钮 ✓，如图 4-151 所示。扫描切除效果如图 4-152 所示。

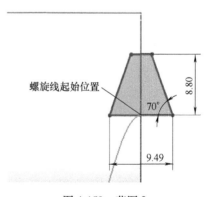

图 4-150　草图 3

8）阵列特征。选择"线性阵列"→"圆周阵列"命令，打开"阵列（圆周）1"属性管理器。阵列方向设置为螺旋齿廓筒边线，选中"实例间距"，角度设置为"180°"，阵列特征选择步骤 7）的扫描切除特征，单击"确认"按钮 ✓，如图 4-153 所示。阵列效果如图 4-154 所示。

9）保存文件。选择"文件"→"另存为"命令，系统弹出"另存为"对话框，将该文件保存为"lxtong. SLDPRT"。

图 4-151 "切除-扫描 1"属性管理器

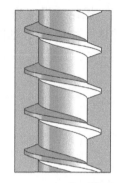

图 4-152 扫描切除效果

图 4-153 "阵列（圆周）1"
属性管理器

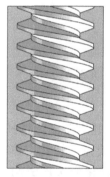

图 4-154 阵列效果

4.6 异形件建模

标准件是指在结构、尺寸、图样、标记等方面已经完全标准化的常用零件，并由专业加工厂生产，如螺纹零件、键、销、滚动轴承等。区别于标准件的异形件主要是指国家没有制定严格的标准和规范，没有相关严格参数规定，由行业或企业自行把控定制生产的零件。异形零件的种类很多，但目前还没有非常标准的分类。通常情况下，企业根据市场需求和自身品牌发展来开发自己的产品，以扩大产品的生命力。也可以说，不属于标准零件定义的零件都可以称为异形零件。

相对于标准件而言，异形件较为复杂，从外形上主要可以分成两大类：第一种可以定义为外形多由曲面组成的零件，如排气管道、输油管道等气体或流体输送过程中的零部件，第二种可以定义为由某些标准件的组合功能设计组成的零件，如图 4-155 所示。

三维软件对零部件空间结构直观、形象的表现效果是其最大的优点之一。异形零件空间结构复杂，采用传统方法对其进行建模分析，不但费时费力，而且建成的模型空间表达效果差。采用 SolidWorks 对其建模不但克服了上述缺点，也为利用该模型进行产品结构和性能分析及实物质量控制和不合格品审理提供了便利。本节通过异形件的绘制实例来具体说明利用 SolidWorks 软件设计盘类零件的方法和过程，希望读者对照书上的内容亲自操作，细心体会其中的技巧。

图 4-155　异形件

4.6.1　散热管设计

设计一个散热管，其三维效果如图 4-156 所示。其设计结果文档见实例/04/srguan. prt，动画可扫描右侧二维码观看。

4.6.1
散热管设计

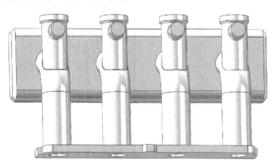

图 4-156　散热管

设计造型分析

对于散热管零件，主要由以下特征组成：凸台基座、箱体、弯管和直管。设计散热管的三维模型应用到的操作较为繁杂，主要考验读者对基准面的灵活选取以及特征成形的基础操作的熟练应用。

操作步骤

1）选择"前视基准面"绘制如图 4-157 所示草图。

2）拉伸凸台。选择"特征"→"拉伸凸台/基体"命令，打开"凸台-拉伸"属性管理器。方向选定"两侧对称"，拉伸距离调整为"4mm"，单击"确认"按钮 ✔，生成实体如图 4-158 所示。

3）选择步骤 2）生成实体侧面为基准面绘制如图 4-159 所示草图。

步骤 4）和步骤 5）的属性设置分别如图 4-160 和图 4-161 所示，具体操作如下。

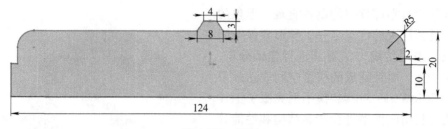

图 4-157　草图 1

图 4-158　生成实体 1

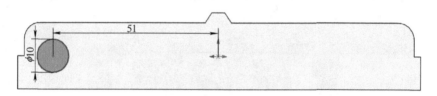

图 4-159　草图 2

图 4-160　"线性阵列"属性管理器　　图 4-161　"切除-拉伸 1"属性管理器

4）阵列草图。选择"线性阵列"命令，打开"线性阵列"属性管理器。阵列方向设置为"x-轴"，阵列距离设置为"34mm"，阵列数目设置为"4 个"，阵列实体选择步骤 3）草图 2，单击"确认"按钮 ✔，生成如图 4-162 所示草图。

5）拉伸切除。选择"特征"→"拉伸切除"命令，打开"切除-拉伸"属性管理器。方向选定"给定深度",拉伸距离设置为"4mm",单击"确认"按钮 ✓,生成实体如图 4-163 所示。

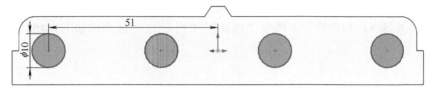

图 4-162 草图 3

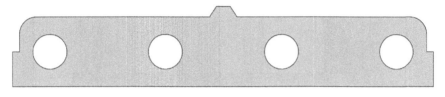

图 4-163 生成实体 2

6)选择与步骤 3)相同基准面绘制如图 4-164 所示草图。

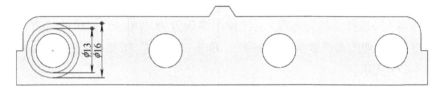

图 4-164 草图 4

7)绘制 3D 草图。退出草图绘制,选择"草图绘制"→"3D 草图"命令,在草图 4 同心圆位置开始绘制如图 4-165 所示草图。

8)扫描凸台。退出草图绘制,选择"特征"→"扫描"命令,打开"扫描 2"属性管理器。草图轮廓选择步骤 6)所绘制草图 4,扫描路径选择步骤 7)所绘制的 3D 草图 3,如图 4-166 所示。生成实体如图 4-167 所示。

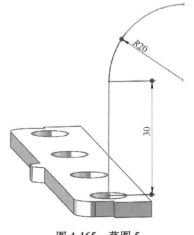

图 4-165 草图 5

图 4-166 "扫描 2"
属性管理器

图 4-167 生成实体 3

9）线性阵列扫描特征。选择"特征"→"线性阵列"命令，打开"线性阵列"属性管理器。阵列方向设置为"x-轴"，阵列距离设置为"34mm"，阵列数目设置为"4"个，阵列特征选择步骤8）扫描特征，单击"确认"按钮 ✔，生成实体如图 4-168 所示。

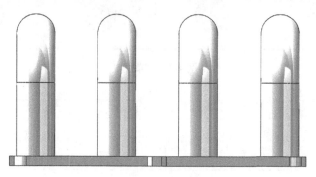

图 4-168　生成实体 4

10）选择"右视基准面"绘制如图 4-169 所示草图。

11）拉伸凸台。选择"特征"→"拉伸凸台"命令，打开"凸台-拉伸 3"属性管理器。拉伸"方向 1"选择"给定深度"，拉伸距离设置为"70mm"，拉伸"方向 2"同样选择"给定深度"，拉伸距离设置为"70mm"，单击"确认"按钮 ✔，如图 4-170 所示。生成实体如图 4-171 所示。

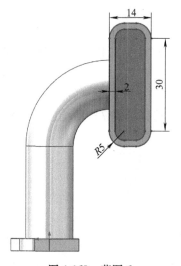

图 4-169　草图 6

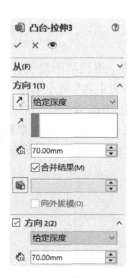

图 4-170　"凸台-拉伸 3"属性管理器

12）调整视图。单击"剖面视图"按钮 ▦，打开"剖面视图"属性管理器。设置剖面为"上视基准面"，剖面距离设置为"-27mm"，单击"确认"按钮 ✔，如图 4-172 所示。剖面位置及效果如图 4-173 所示。

13）选择如图 4-174 所示基准面生成草图 7。

14）拉伸切除。选择"特征"→"拉伸切除"命令，打开"切除-拉伸"属性管理器。"方向"选定"成形到下一面"，单击"确认"按钮 ✔，生成实体如图 4-175 所示。

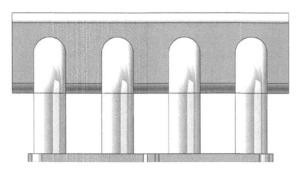

图 4-171   生成实体 5

图 4-172   "剖面视图"属性管理器

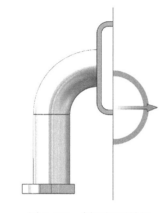

图 4-173   剖面视图效果

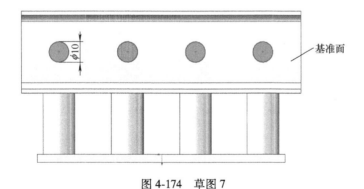

图 4-174   草图 7

15）选择如图 4-176 所示基准面进入草图绘制。使用"转化实体引用"命令生成草图 8。

16）创建基准面 1。退出草图绘制，选择"特征"→"参考几何体"→"基准面"命令，打开"基准面 1"属性管理器。参考平面选择图 4-176 中所示的基准面，几何关系设置为"距离"，距离大小设置为"2mm"，单击"确认"按钮 ✔，如图 4-177 所示，生成基准面 1 如图 4-178 所示。

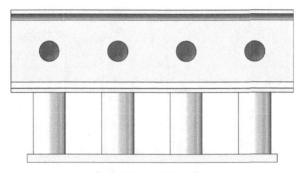

图 4-175　生成实体 6

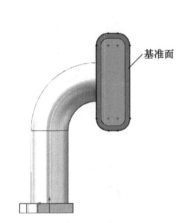

图 4-176　草图 8

图 4-177　"基准面 1"属性管理器

图 4-178　基准面 1

17）选择基准面 1 进入草图绘制，使用"转化实体引用"命令生成如图 4-179 所示草图 9。

18）放样成形。退出草图绘制，选择"特征"→"放样"命令，打开"放样"属性管理器。放样轮廓设置为从草图 8 成形到草图 9，引导线沿着成形方向，单击"确认"按钮✓，如图 4-180 所示。引导线方向及成形效果如图 4-181 所示。

19）镜像特征。选择"线性阵列"→"镜像"命令，打开"镜像"属性管理器。"镜像面"选择"右视基准面",镜像特征选择步骤 18）放样特征,单击"确认"按钮 ✓,镜像效果如图 4-182 所示。

20）创建基准面 2。选择"特征"→"参考几何体"→"基准面"命令,打开"基准面"属性管理器。参考平面设置为"前视基准面",几何关系设置为"距离",距离大小设置为"70mm",单击"确认"按钮 ✓。

图 4-179　草图 9

图 4-180　"放样"属性管理器

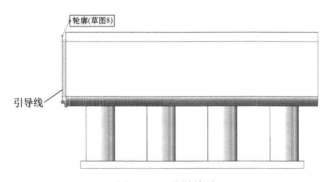

图 4-181　放样效果

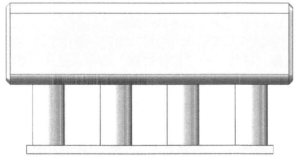

图 4-182　镜像效果

21）选择"基准面 2"绘制如图 4-183 所示草图 10。

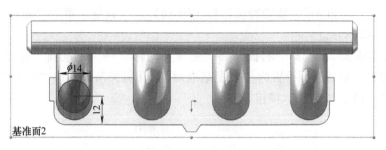

图 4-183　草图 10

22）凸台拉伸。选择"特征"→"拉伸凸台"命令，打开"凸台-拉伸"属性管理器。拉伸"方向"选择"成形到下一面"，单击"确认"按钮 ✔，生成实体如图 4-184 所示。

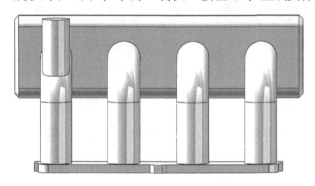

图 4-184　生成实体 7

23）选择如图 4-185 所示基准面绘制草图 11。

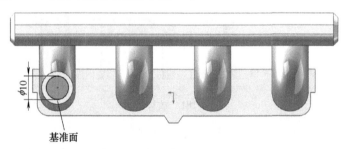

图 4-185　草图 11

24）拉伸切除。选择"特征"→"拉伸切除"命令，打开"切除-拉伸"属性管理器。"方向"选定"成形到下一面"，单击"确认"按钮 ✔，生成实体如图 4-186 所示。

25）选择与步骤 23）相同基准面绘制如图 4-187 所示草图 12。

26）凸台拉伸。选择"特征"→"拉伸凸台"命令，打开"凸台-拉伸"属性管理器。拉伸"方向"选择"给定距离"，距离设置为"3mm"，注意该距离方向与步骤 22 凸台拉伸方向相反，单击"确认"按钮 ✔，生成实体如图 4-188 所示。

27）创建基准面 3。选择"参考几何体"→"基准面"命令，打开"基准面"属性管理器。参考平面设置为"上视基准面"，几何关系设置为"距离"，距离大小设置为

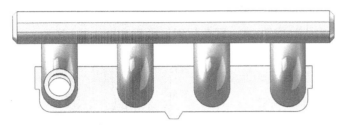

图 4-186　生成实体 8

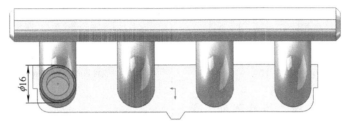

图 4-187　草图 12

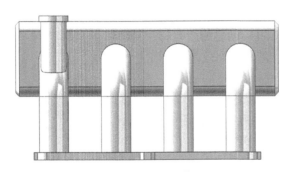

图 4-188　生成实体 9

"12mm"，单击"确认"按钮 ✔。

28）选择"基准面 3"绘制如图 4-189 所示草图 13。

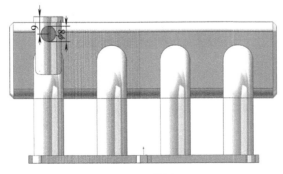

图 4-189　草图 13

29）凸台拉伸。选择"特征"→"拉伸凸台"命令，打开"凸台-拉伸"属性管理器。拉伸"方向"选择"成形到下一面"，单击"确认"按钮 ✔，生成实体如图 4-190 所示。

30）进行必要圆角。选择"特征"→"圆角"命令，选择需要圆角的项目，然后调整尺寸为 R1，单击"确认"按钮 ✔，圆角位置及效果如图 4-191 所示。

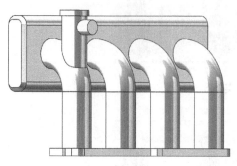

图 4-190　生成实体 10

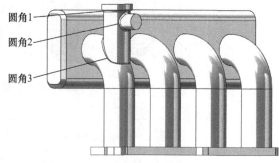

图 4-191　圆角效果

31）阵列特征。选择"线性阵列"命令，打开"线性阵列"属性管理器。阵列方向设置为"x-轴"，阵列距离设置为"34mm"，阵列数目设置为"4"个，阵列特征选择步骤 22）~步骤 30）创建的所有特征，单击"确认"按钮 ✔，阵列效果如图 4-192 所示。

32）保存文件。选择"文件"→"另存为"命令，系统弹出"另存为"对话框，将该文件保存为"srguan. SLDPRT"。

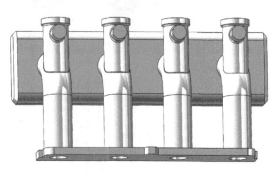

图 4-192　阵列效果

4.6.2　异形散件 1 设计

设计一种异形散件 1，三维效果如图 4-193 所示。其设计结果文档见实例/04/yxsj1. prt，动画可扫描右侧二维码观看。

4.6.2　异形散件 1 设计

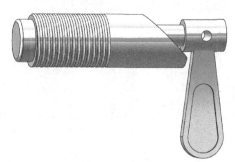

图 4-193　异形散件 1

 设计造型分析

对于异形散件 1 零件，主要由以下特征组成：轴向拉伸凸台、径向拉伸凸台、螺纹特征

和圆角特征。创建以上特征主要应用的操作："凸台拉伸"命令、"拉伸切除"命令、"圆"命令、"螺纹线"命令、"扫描切除"命令和"圆角"命令。

操作步骤

1）拉伸凸台。选择"前视基准面"进入草图绘制，使用"圆"命令生成直径 8mm 的圆，使用"拉伸凸台"命令生成拉伸距离 3mm 的凸台 1。选择凸台端面进入草图绘制。使用"圆"命令生成直径 10mm 的圆，使用"拉伸凸台"命令生成拉伸距离 30mm 的凸台 2，如图 4-194 所示。

图 4-194　生成实体 1

2）创建螺纹线。将凸台 2 左侧边线转化为实体引用，使用"特征"→"螺纹线"命令，打开"螺纹线"属性管理器。螺距设置为"1mm"，"圈数"设置为"15"圈，单击"确认"按钮 ✔，生成螺纹线如图 4-195 所示。

3）创建螺纹。选择"扫描切除"命令，打开"切除-扫描"属性管理器。轮廓设置为"圆形轮廓"，轮廓直径为"0.5mm"，扫描路径设置为步骤 2）生成的螺纹线，单击"确认"按钮 ✔，生成螺纹如图 4-196 所示。

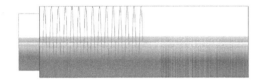

图 4-195　生成螺纹线

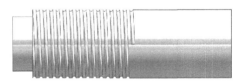

图 4-196　生成螺纹

4）选择"右视基准面"绘制如图 4-197 所示草图。

5）拉伸切除。选择"特征"→"拉伸切除"命令，打开"切除-拉伸"属性管理器。"方向 1"选定"完全贯穿"，"方向 2"同样设置为"完全贯穿"，单击"确认"按钮 ✔，拉伸切除效果如图 4-198 所示。

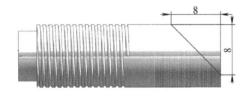

图 4-197　草图 1

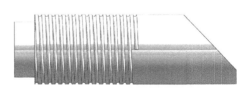

图 4-198　拉伸切除效果

6）创建基准面。选择"参考几何体"→"基准面"命令，打开"基准面"属性管理器。第一参考面设置为"前视基准面"，几何关系设置为"距离"选择"33mm"，单击

"确认"按钮 ✓，生成基准面如图 4-199 所示。

7）选择"基准面 1"绘制如图 4-200 所示草图。

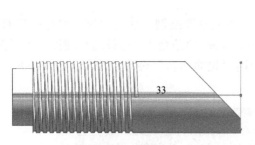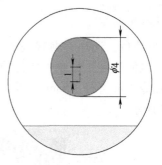

图 4-199　基准面 1　　　　　　　图 4-200　草图 2

8）拉伸凸台。选择"特征"→"拉伸凸台"命令，打开"凸台-拉伸"属性管理器。"方向"设置为"成形到下一面"，单击"确认"按钮 ✓，生成实体如图 4-201 所示。

9）选择"基准面 1"绘制如图 4-202 所示草图。

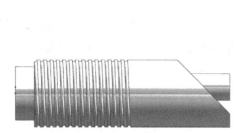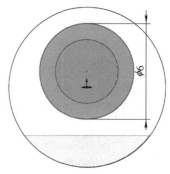

图 4-201　生成实体 2　　　　　　图 4-202　草图 3

10）拉伸凸台。选择"特征"→"拉伸凸台"命令，打开"凸台-拉伸"属性管理器。"方向"设置为"给定深度"，距离设置为"8mm"，单击"确认"按钮 ✓，生成实体如图 4-203 所示。

11）选择"右视基准面"绘制如图 4-204 所示草图。

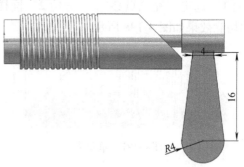

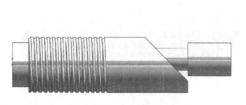

图 4-203　生成实体 3　　　　　　图 4-204　草图 4

12）拉伸凸台。选择"特征"→"拉伸凸台"命令，打开"凸台-拉伸"属性管理器。"方向"设置为"两侧对称"，距离设置为"1mm"，单击"确认"按钮 ✔，生成实体如图4-205 所示。

13）以步骤12）生成凸台的侧面为基准面绘制如图4-206 所示草图。

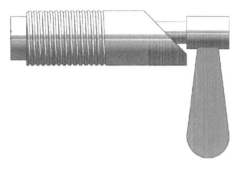

图4-205　生成实体4

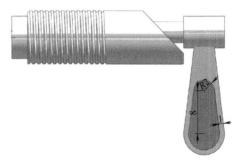

图4-206　草图5

14）拉伸切除。选择"特征"→"拉伸切除"命令，打开"切除-拉伸"属性管理器。"方向"选定"给定深度"距离设置为"0.5mm"，单击"确认"按钮 ✔，切除效果如图4-207 所示。

15）镜像特征。选择"特征"→"镜像"命令，打开"镜像"属性管理器。"镜像面"选择"右视基准面"，镜像特征选择步骤14）拉伸切除特征，单击"确认"按钮 ✔。

16）选择"右视基准面"绘制如图4-208 所示草图。

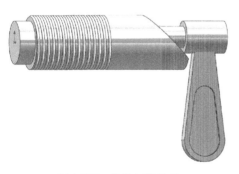

图4-207　拉伸切除效果

图4-208　草图6

17）拉伸切除。选择"特征"→"拉伸切除"命令，打开"切除-拉伸"属性管理器。"方向"选定"两侧对称"，距离设置为"10mm"，单击"确认"按钮 ✔，切除效果如图4-209 所示。

18）进行必要圆角。选择"特征"→"圆角"命令，选择需要圆角的项目，然后调整尺寸为 R0.5，单击"确认"按钮 ✔，圆角位置及效果如图4-210 所示。

19）保存文件。选择"文件"→"另存为"命令，系统弹出"另存为"对话框，将该文件保存为"yxsj1. SLDPRT"。

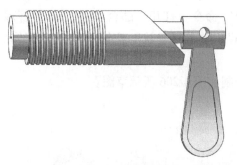

图 4-209　拉伸切除效果　　　　　　　　　图 4-210　圆角效果

圆角

4.6.3　异形散件 2 设计

设计异形散件 2，三维效果如图 4-211 所示。其设计结果文档见实例/04/yxsj2. prt，动画可扫描右侧二维码观看。

4.6.3　异形
散件 2 设计

设计造型分析

对于异形散件 2 零件，主要特征为凸台与圆角特征。主要应用的操作："凸台拉伸"命令、"拉伸切除"命令、"旋转切除"命令和"圆角"命令。

操作步骤

1）选择"上视基准面"，进入草绘界面，绘制如图 4-212 草图。

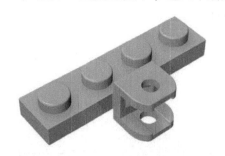

图 4-211　异形散件 2

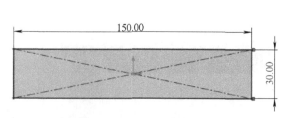

图 4-212　草图 1

2）凸台拉伸。选择"特征"→"拉伸凸台/基面"命令，打开"凸台-拉伸"属性管理器。"方向"选择"给定深度"，拉伸距离选择"12.00mm"，单击"确认"按钮，完成拉伸，如图 4-213 所示。

3）选择凸台的上表面为基准面绘制如图 4-214 所示草图 2。

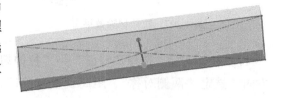

图 4-213　拉伸效果

4）凸台拉伸。选择"特征"→"拉伸凸台/基面"命令，打开"凸台-拉伸"属性管理器。"方向"选择"给定深度"，拉伸距离选择"10.00mm"，单击"确认"按钮 ✓，完成拉伸，如图 4-215 所示。

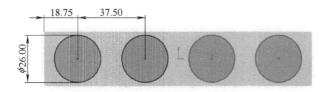

图 4-214　草图 2

5）选择凸台的侧表面为基准面绘制如图 4-216 所示草图 3。

6）凸台拉伸。选择"特征"→"拉伸凸台/基面"命令，打开"凸台-拉伸"属性管理器。"方向"选择"给定深度"，拉伸距离选择"36.00mm"，单击"确认"按钮 ✓，完成拉伸。

图 4-215　拉伸圆凸台

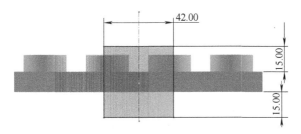

图 4-216　草图 3

7）创建圆角特征。选择"特征"→"圆角"命令，选择需要圆角的项目（图 4-217），然后修改圆角半径为"12.00mm"，单击"确认"按钮 ✓，完成圆角创建。

8）选择如图 4-218 所示基准面绘制草图 4。

9）拉伸切除。选择"特征"→

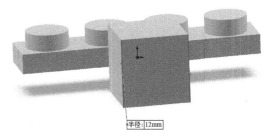

图 4-217　圆角位置

"拉伸切除"命令打开"切除-拉伸"属性管理器。"方向"选择"给定深度"，拉伸距离选择"30.00mm"，单击"确认"按钮 ✓，完成拉伸切除，如图 4-219 所示。

📖 在绘制需要拉伸切除的图形时，在不影响切除效果的前提下，可以使得绘制的图形超过实体边界，这样就可以保证切除时不会有余量剩余。

10）选择如图 4-220 所示的基准面绘制草图 5。

11）拉伸切除。选择"特征"→"拉伸切除"命令，打开"切除-拉伸"属性管理器。"方向"选择"完全贯穿"，单击"确认"按钮 ✓，完成拉伸切除，如图 4-221 所示。

12）创建基准轴。选择"特征"→"参考集合体"→"参考轴"命令，打开"基准

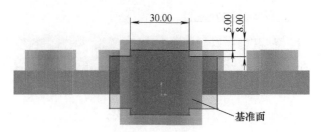

图 4-218　草图 4

轴"属性管理器。创建方法选择"圆柱/圆锥面"，然后选择如图 4-222 所示圆柱体侧面，单击"确认"按钮 ✔，生成基准轴 1，如图 4-222 所示。

图 4-219　拉伸切除

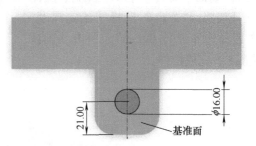

图 4-220　草图 5

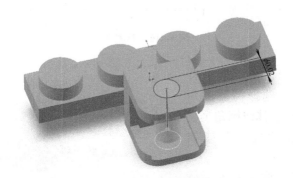

图 4-221　切除效果

图 4-222　基准轴 1

13）选择"右视基准面"绘制如图 4-223 所示草图 6。

14）旋转切除。选择"特征"→"旋转切除"命令，打开"切除-旋转"属性管理器。"旋转轴"选择"基准轴1"，轮廓选择草图6，单击"确认"按钮 ✓，旋转切除效果如图4-224所示。

15）创建圆角特征。选择"特征"→"圆角"命令，圆角的项目选择如图4-225所示六个平面，然后修改圆角半径为"2.00mm"，单击"确认"按钮 ✓，完成圆角创建。

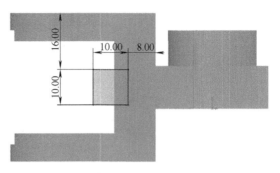

图 4-223　草图 6

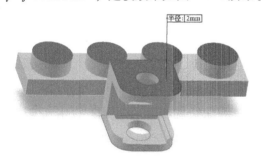

图 4-224　旋转切除效果

16）选择"文件"→"另存为"命令，系统弹出"另存为"对话框，将该文件保存为"yxsj2. SLDPRT"，建模效果如图4-226所示。

图 4-225　圆角位置

图 4-226　建模效果

4.6.4　异形散件3设计

设计异形散件3，三维效果如图4-227所示。其设计结果文档见实例/04/yxsj3. prt，动画可扫描右侧二维码观看。

4.6.4　异形
散件 3 设计

设计造型分析

对于异形散件3零件，主要考验读者对连续拉伸操作的应用以及对特殊基准面的建立和选取。

操作步骤

1）进入草图界面，选择"上视基准面"，熟练使用图形元素之间的关系配合和构造线，绘制如图 4-228 所示草图。

图 4-227 异形散件 3

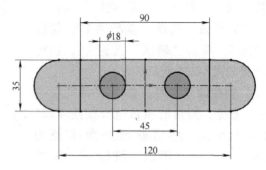

图 4-228 草图 1

📖 由于该零件需要进行多次拉伸操作，因此这里直接将需要拉伸的草图全部画出，在后边执行拉伸操作的时候直接选用所需草图即可。

2）凸台拉伸。选择"特征"→"拉伸凸台/基面"命令，打开"凸台-拉伸"属性管理器。在"所选轮廓"中选择草图的所有元素，"方向"选择"给定深度"，拉伸距离选择"12.00mm"，单击"确认"按钮 ✔，完成拉伸，如图 4-229 所示。

3）在特征管理器中继续选择草图 1 进行第二次凸台拉伸。选择拉伸后凸台上表面为基准面，选择中间两圆为拉伸部分轮廓，"方向"选择"给定深度"，拉伸距离选择"6mm"，单击"确认"按钮 ✔，完成拉伸，如图 4-230 所示。

图 4-229 生成实体 1

4）在特征管理器中继续选择草图 1 进行第三次拉伸。选择草图 1 为基准面，单击"反向"按钮，并且选中"合并结果选项"，拉伸部分轮廓的选择如图 4-231a 所示，"方向"选择"给定深度"，拉伸距离选择"15mm"，单击"确认"按钮 ✔，完成拉伸，如图 4-231b 所示。

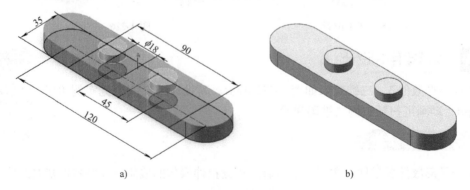

a)

b)

图 4-230 生成实体 2

5）在凸台上表面一端绘制如图 4-232 所示辅助草图 2，该线段与一端的半圆直径重合。

6）创建基准面 1。选择"特征"→"参考集合体"→"基准面"命令，打开"基准

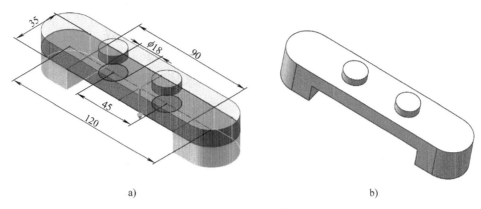

a)　　　　　　　　　　　　　　b)

图 4-231　生成实体 3

面"属性管理器。"第一参考"选择草图 2，"第二参考"选择凸台上表面，并设置基准面
与凸台上表面成 45°，单击"确认"按钮 ✔，构造的辅助基准面如图 4-233 所示。

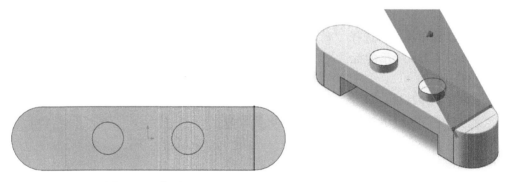

图 4-232　草图 2　　　　　　　　　　　　　图 4-233　基准面 1

7）在新的辅助基准面 1 上进行草图绘制，绘制如图 4-234 所示的圆和直槽口，注意直
槽口两侧直线的端点与圆形的边要重合。

8）凸台拉伸。选择"特征"→"拉伸凸台/基面"命令，打开"凸台-拉伸"属性管理
器。"方向"选择"两侧对称"，拉伸距离选择"15.00mm"，单击"确认"按钮 ✔，完成
拉伸，如图 4-235 所示。

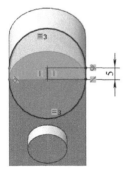

图 4-234　草图 3

图 4-235　拉伸凸台

9）创建基准面 2。选择"特征"→"参考集合体"→"基准面"命令，打开"基准面"属性管理器。"第一参考"选择主体下方凸台的内侧面，控制选项选择"平行"，"第二参考"选择凸台侧边线，控制选项选择"重合"，单击"确认"按钮 ✓，如图 4-236 所示。

10）在基准面 2 上的进行草图绘制，使用"等距实体"命令绘制草图，并且进行拉伸切除，如图 4-237 所示。

图 4-236　基准面 2

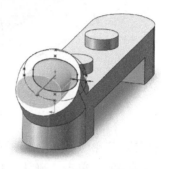

图 4-237　拉伸切除

11）创建圆角特征。选择"特征"→"圆角"命令，选择图 4-238 所示的标注平面，设置圆角半径为"2.00mm"。

12）创建倒角特征。选择"特征"→"倒角"命令，选择图 4-239 所示的边线，设置倒角参数为5×45°。

13）镜像特征。选择"特征"→"镜像"命令，"镜像面"选择"右视基准面"，要镜像的特征选择如图 4-240 所示特征，单击"确认"按钮 ✓，生成镜像特征。

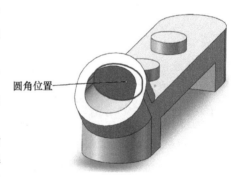

图 4-238　圆角绘制

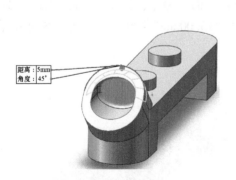

图 4-239　倒角绘制

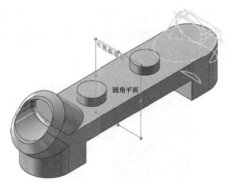

图 4-240　镜像特征

14）创建圆角特征。选择"特征"→"圆角"命令，选择两个圆台，圆角半径为"2.00mm"，如图 4-241 所示。

15）选择"文件"→"另存为"命令，系统弹出"另存为"对话框，将该文件保存为

"yxsj3. SLDPRT"。成品零件如图 4-242 所示。

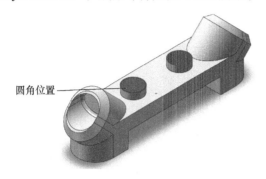

圆角位置

图 4-241　圆角特征

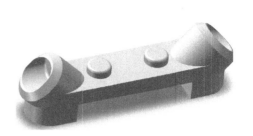

图 4-242　成品零件展示

4.7　箱体零件建模

箱体的主要功能是包容、支撑、安装、固定部件中的其他零件，并作为部件的基础与机架相连。由于它主要用于支撑、包容运动零件或其他零件，因此其内部常有空腔；箱体的内腔常用来安装轴、齿轮或者轴承等，故两端均有装轴承盖及套的孔；箱体类零件在使用时经常要维修、安装、合箱，所以箱体的座、盖上有许多安装孔、定位销孔、连接孔；为了增加箱体的强度，一般都设有加强筋；由于形状复杂，它们多为铸件，因此具有许多铸造工艺结构，如铸造圆角、起模斜度等。

由于箱体的结构比较复杂，所以其三维造型相对比较困难，用到命令也比较多。本节在讲解具体的箱体类零件实例造型设计时，特别是一级圆柱齿轮减速器上箱体的设计过程中，深入贯彻了先整体、后局部的设计思想，读者在学习过程中应细心体会，深入领悟，真正学会设计箱体的造型方法。

4.7.1　分度头箱体设计

分度头箱体是典型的箱类零件，下面通过实例来具体说明利用 SolidWorks 软件设计箱体类零件方法和过程，希望读者对照书上的内容亲自操作，细心体会其中的技巧。其设计结果文档见实例/04/fdtou. prt，动画可扫描右侧二维码观看。

4.7.1　分度头箱体设计

设计一个简单分度头箱体，效果如图 4-243 所示。

设计造型分析

该分度头箱体实例属于较为简单的箱体建模，主要由以下特征组成：箱体外形、箱体内腔、耳体和底座。创建以上特征主要应用的操作："凸台拉伸"命令和"拉伸切除"命令。该实例主要引领读者对箱体零件的认识，了解箱体零件的一般建模步骤。

操作步骤

1）选择"前视基准面"进入草图绘制，利用"直线""圆角"与"圆"命令绘制，如

图 4-244 所示的草图 1。

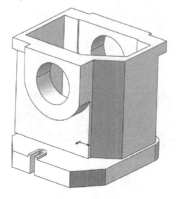

图 4-243　分度头箱体

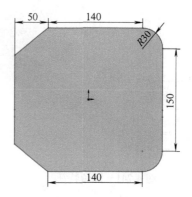

图 4-244　草图 1

2）选择"特征"→"拉伸凸台/基面"命令，打开"凸台-拉伸"属性管理器。"方向"选择"给定深度"，拉伸距离选择"215mm"，单击"确认"按钮 ✔，完成拉伸，如图 4-245 所示。

3）绘制箱体外形。选择"前视基准面"，利用"直线"命令绘制如图 4-246 所示草图 2。使用"特征"→"拉伸切除"命令，打开"切除-拉伸"属性管理器。"方向"选择"给定深度"，拉伸距离选择"185mm"，单击"确认"按钮 ✔，完成拉伸，如图 4-247 所示。

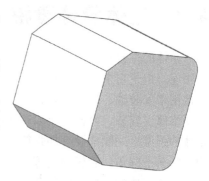

图 4-245　生成实体 1

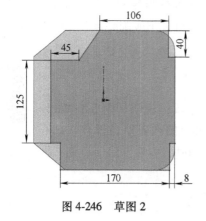

图 4-246　草图 2

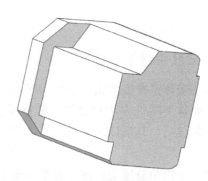

图 4-247　生成实体 2

4）绘制箱体内腔。选择"前视基准面"，利用"直线"命令绘制如图 4-248 所示草图 3。选择"特征"→"拉伸切除"命令，打开"切除-拉伸"属性管理器。"方向"选择"给定深度"，拉伸距离选择 185mm，单击"确认"按钮 ✔，完成拉伸，如图 4-249 所示。

5）耳体孔绘制。利用"圆"命令绘制如图 4-250 所示草图 4（位置参考图 4-243）。选择"特征"→"拉伸切除"命令，打开"切除-拉伸"属性管理器。"方向"选择"完全贯穿"，单击"确认"按钮 ✔，完成切除，如图 4-251 所示。

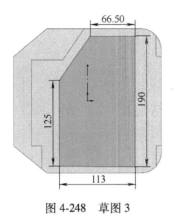

图 4-248　草图 3

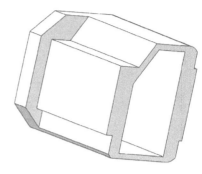

图 4-249　生成实体 3

6）耳体绘制。利用"圆"和"直线"命令绘制如图 4-252 所示草图 5（位置参考图 243）。选择"特征"→"拉伸切除"命令，"方向"选择"给定深度"，距离设置为 22mm，如图 4-253 所示。

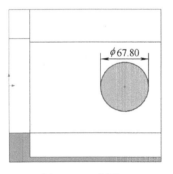

图 4-250　草图 4

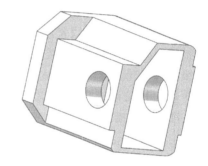

图 4-251　生成实体 4

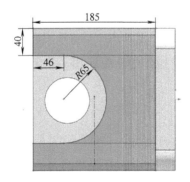

图 4-252　草图 5

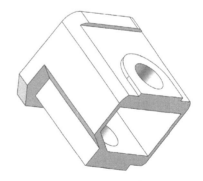

图 4-253　生成实体 5

7）箱体底部绘制，利用"圆"和"直线"命令绘制如图 4-254 所示草图 6（位置参考图 243）。选择"拉伸切除"命令，打开"切除-拉伸"属性管理器。"方向"选择"成形到下一面"，完成箱体底部绘制，如图 4-255 所示。

8）选择"文件"→"另存为"命令，系统弹出"另存为"对话框，将该文件保存为"fdtou. SLDPRT"。

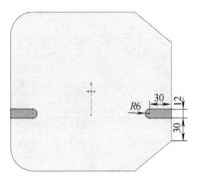

图 4-254　草图 6

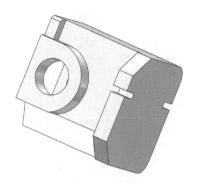

图 4-255　生成实体 6

4.7.2　减速器上箱体设计

4.7.2　减速
器上箱体设计

减速器箱体是安装各传动轴的基础部件。由于减速器工作时各轴传递转矩时要产生比较大的反作用力，并作用在箱体上，因此要求箱体具有足够的刚度，以确保各传动轴的相对位置精度。采用金属结构箱体能获得较大的强度和刚度，且结构紧凑，质量较轻。减速器箱体结构形式繁多，在小批量制造时，采用焊接减速器箱体较为合理。

设计一级圆柱齿轮减速器上箱体，效果如图 4-256 所示。其设计结果文档见实例/04/shxti. prt，动画可扫描右侧二维码观看。

设计造型分析

设计减速器上箱体的三维模型应用到的操作较为繁杂，主要由以下特征组成：箱体外形、连接板、轴承孔和上箱体内腔。创建以上特征主要应用的操作："凸台拉伸"命

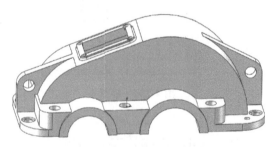

图 4-256　减速器上箱体

令和"拉伸切除"命令。该实例主要考验读者对基础操作的熟练应用，希望读者细心体会其中的技巧。

操作步骤

1）选择"前视基准面"绘制箱体草图，如图 4-257 所示。

2）凸台拉伸。选择"特征"→"拉伸凸台/基面"命令，打开"凸台-拉伸"属性管理器。"方向"选择"两侧对称"，拉伸距离选择"102mm"，单击"确认"按钮 ✔，完成拉伸，如图 4-258 所示。

3）吊装板绘制。选择"前视基准面"绘制如图 4-259 所示草图 2。选择"特征"→"拉伸凸台/基面"命令，打开"凸台-拉伸"属性管理器。"方向"选择"两侧对称"，拉伸距离选择 12mm，单击"确认"按钮 ✔，完成拉伸，如图 4-260 所示。

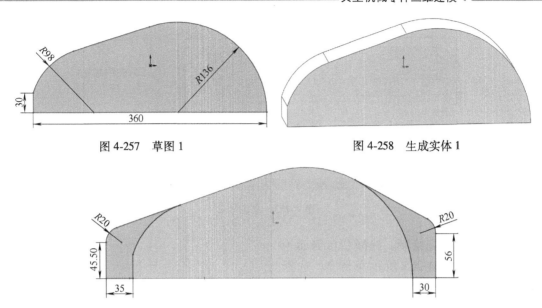

图 4-257 草图 1　　　　　　　　　图 4-258 生成实体 1

图 4-259 草图 2

4）连接板绘制。选择步骤 2）凸台下表
面为基准面绘制如图 4-261 所示草图 3。选择
"特征"→"拉伸凸台/基面"命令，打开
"凸台-拉伸"属性管理器。"方向"选择
"两侧对称"，拉伸距离选择"12mm"，单击
"确认"按钮 ✔，完成拉伸，如图 4-262
所示。

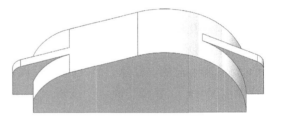

图 4-260 生成实体 2

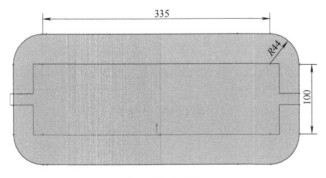

图 4-261 草图 3

5）螺栓座绘制。选择如图 4-263 所示基准
面绘制草图 4。选择"特征"→"拉伸凸台/基
面"命令，打开"凸台-拉伸"属性管理器。
"方向"选择"给定深度"，拉伸距离选择
"30mm"，单击"确认"按钮 ✔，完成拉伸，
如图 4-264 所示。

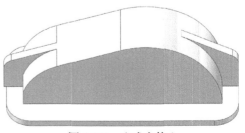

图 4-262 生成实体 3

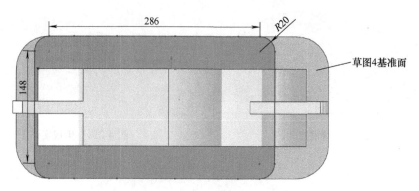

图 4-263　草图 4

6）轴承孔外壳绘制。选择凸台侧面为基准面绘制如图 4-265 所示草图 5。选择"特征"→"拉伸凸台/基面"命令，打开"凸台-拉伸"属性管理器。方向选择"完全贯穿"，单击"确认"按钮 ✔，完成拉伸，如图 4-266 所示。

7）检修孔外形绘制。选择如图 4-267 所示基准面绘制草图 6。选择"特征"→"拉伸凸台/基面"命令，打开"凸台-拉伸"属性管理器。"方向"选择"给定深度"，拉伸距离选择"10mm"，单击"确认"按钮 ✔，完成拉伸，如图 4-268 所示。

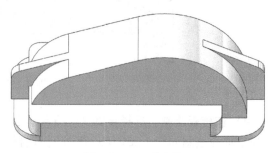

图 4-264　生成实体 4

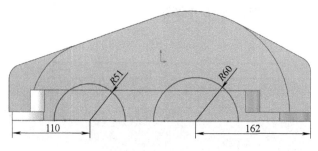

图 4-265　草图 5

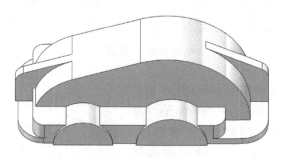

图 4-266　生成实体 5

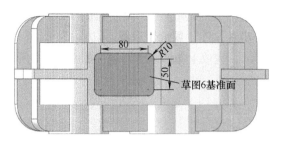

图 4-267 草图 6

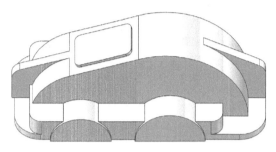

图 4-268 生成实体 6

8）轴承孔和吊装孔绘制。选择凸台侧面为基准面绘制如图 4-269 所示草图。选择"特征"→"拉伸切除"命令，打开"切除-拉伸"属性管理器。"方向"选择"完全贯穿"，单击"确认"按钮 ✔，完成拉伸，如图 4-270 所示。

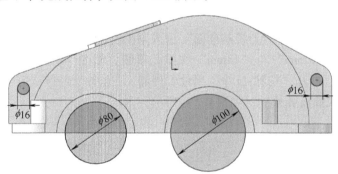

图 4-269 草图 7

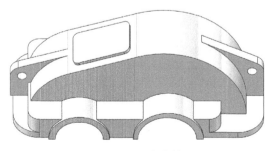

图 4-270 生成实体 7

151

9）上箱体内腔绘制。选择"前视基准面"绘制如图 4-271 所示草图 8。选择"特征"→"拉伸切除"命令，打开"切除-拉伸"属性管理器。"方向"选择"两侧对称"，距离设置为 82mm，单击"确认"按钮 ✔，完成上箱体内腔绘制，如图 4-272 所示。

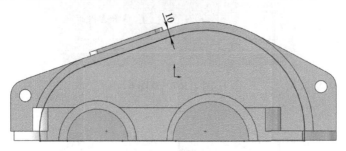

图 4-271　草图 8

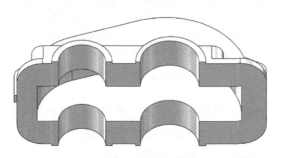

图 4-272　生成实体 8

10）螺纹孔绘制。选择"上视基准面"进入草图绘制。利用"圆"与"线性阵列"命令绘制一系列直径"10mm"与"18mm"螺纹孔草图，如图 4-273 所示。选择"特征"→"拉伸切除"命令，打开"切除-拉伸"属性管理器。"方向"选择"完全贯穿"，单击"确认"按钮 ✔，完成螺纹孔绘制，如图 4-274 所示。

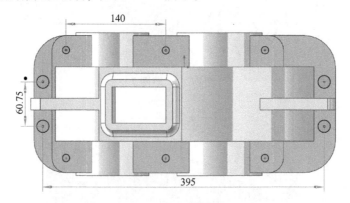

图 4-273　草图 9

11）选择"文件"→"另存为"命令，系统弹出"另存为"对话框，将该文件保存为 "shxti. SLDPRT"。

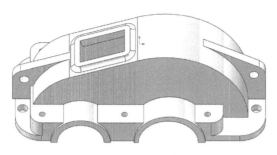

图 4-274　生成实体 9

4.7.3　减速器下箱体设计

圆柱齿轮减速器的齿轮采用渗碳、淬火、磨齿加工，承载能力高、噪声低；主要用于带式输送机及各种运输机械，也可用于其他通用机械的传动机构中。它具有承载能力高、使用寿命长、体积小、效率高、质量轻等优点。圆柱齿轮减速器广泛应用于冶金、矿山、起重、运输、建筑、化工、纺织、印染、制药等领域的传动系统装置中。

设计一级圆柱齿轮减速器下箱体，效果如图 4-275 所示。其设计结果文档见实例/04/xxti.prt，动画可扫描右侧二维码观看。

4.7.3　减速器下箱体设计

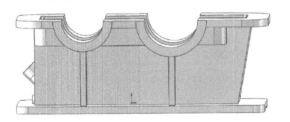

图 4-275　减速器下箱体

设计造型分析

减速器下箱体的三维模型设计过程与上箱体类似，主要由以下特征组成：箱体外形、连接板、螺栓座、筋板、轴承孔、排油口和下箱体内腔。创建以上特征主要应用的操作："凸台拉伸"命令、"拉伸切除"命令和"异形孔向导"命令。

操作步骤

1）选择"前视基准面"绘制如图 4-276 所示草图 1。

2）选择"特征"→"拉伸凸台/基面"命令，打开"凸台-拉伸"属性管理器。"方向"选择"两侧对称"，拉伸距离选择"102mm"，单击"确认"按钮✔，完成拉伸，如图 4-277 所示。

3）连接板绘制。选择凸台上侧面（388×102）为基准面绘制如图 4-278 所示草图 2。选择"特征"→"拉伸凸台/基面"命令，打开"凸台-拉伸"属性管理器。"方向"选择"给定深度"，距离设置为 12mm，单击"确认"按钮✔，完成拉伸，如图 4-279 所示。

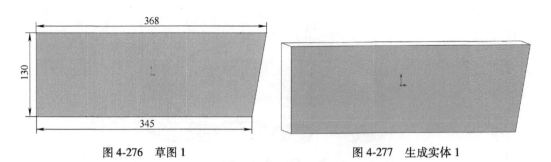

图 4-276　草图 1　　　　　　　　　　图 4-277　生成实体 1

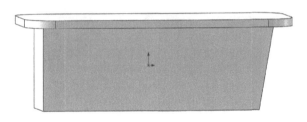

图 4-278　草图 2

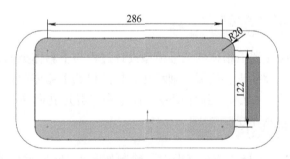

4）螺栓座绘制。选择连接板下表面为基准面绘制如图 4-280 所示草图 3。选择"特征"→"拉伸凸台/基面"命令，打开"凸台-拉伸"属性管理器。"方向"选择"给定深度"，距离设置为"30mm"，单击"确认"按钮 ✔，完成拉伸，如图 4-281 所示。

图 4-280　草图 3

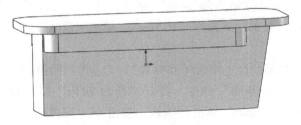

图 4-281　生成实体 3

5）底板绘制。选择步骤2）生成凸台下侧面为基准面绘制如图4-282所示草图4选择"特征"→"拉伸凸台/基面"命令，打开"凸台-拉伸"属性管理器。"方向"选择"给定深度"，拉伸距离选择12mm，单击"确认"按钮✔，完成拉伸，如图4-283所示。

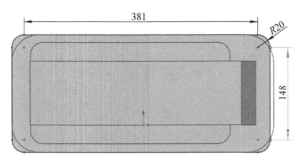

图4-282　草图4

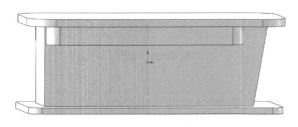

图4-283　生成实体4

6）凹槽绘制。选择底板下表面为基准面绘制如图4-284所示草图5。选择"特征"→"拉伸切除"命令，打开"切除-拉伸"属性管理器。"方向"选择"给定深度"，拉伸距离选择"12mm"，单击"确认"按钮✔，完成拉伸切除，如图4-285所示。

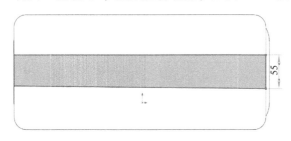

图4-284　草图5

7）轴承孔座绘制。选择"前视基准面"绘制如图4-286所示草图6。选择"特征"→"拉伸凸台/基面"命令，打开"凸台-拉伸"属性管理器。"方向"选择"两侧对称"，拉伸距离选择196mm，单击"确认"按钮✔，完成拉伸，如图4-287所示。

8）出油孔绘制。选择如图4-288所示基准面绘制草图7，选择"拉伸凸台"命令生成拉伸距离为"10mm"的凸台，如图4-289所示。选择同一基准面绘制如图4-290所示草图8，选择"拉伸切除"命令，打开"切除-拉伸"属性管理器。"方向"选择"成形到下一面"，单击"确认"按钮✔，完成出油孔绘制，如图4-291所示。

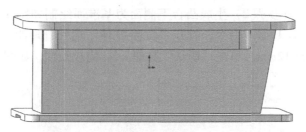

图 4-285　生成实体 5

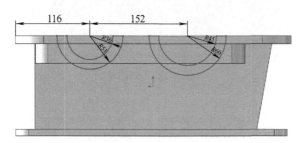

图 4-286　草图 6

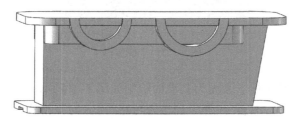

图 4-287　生成实体 6

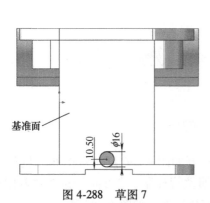

图 4-288　草图 7

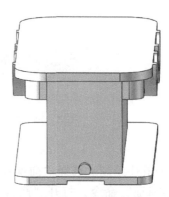

图 4-289　生成实体 7

9）创建基准面。选择"特征"→"参考几何体"→"基准面"命令，打开"基准面"属性管理器。"第一参考"选择"上视基准面"，几何关系设置为"夹角"45°，"第二参考"选择如图 4-292 所示边线，几何关系设置为"重合"，单击"确认"按钮 ✔，生成基准面 1。

10）油标孔外形绘制。选择基准面 1 绘制如图 4-293 所示草图 9。选择"特征"→"拉伸凸台/基面"命令，打开"凸台-拉伸"属性管理器。"方向"选择"给定深度"，距离设置为"35mm",单击"确认"按钮 ✔,完成油标孔外形绘制,如图 4-294 所示。

11) 油标孔绘制。选择"特征"→"异形孔向导"命令,打开"孔规格"属性管理器。孔类型选择"六角凹头锥孔头","大小"设置为"M5","终止条件"设置为"成形到下一面",位置选择油标孔上表面,单击"确认"按钮 ✔,如图 4-295 所示,完成油标孔绘制,如图 4-296 所示。

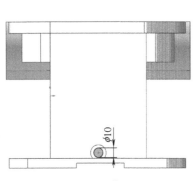

图 4-290　草图 8

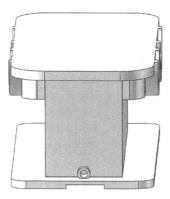

图 4-291　生成实体 8

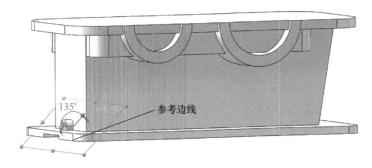

图 4-292　基准面 1

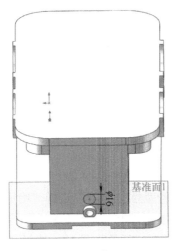

图 4-293　草图 9

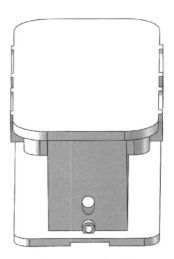

图 4-294　生成实体 9

图 4-295 "孔规格"属性管理器

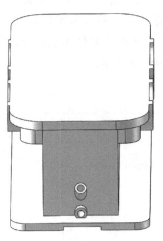

图 4-296 生成实体 10

12）轴承孔绘制。选择"前视基准面"绘制如图 4-297 所示草图 10。选择"特征"→"拉伸切除"命令，打开"切除-拉伸"属性管理器。"方向"选择"两侧对称"，距离设置为"196mm"，单击"确认"按钮 ✔，完成轴承孔绘制，如图 4-298 所示。

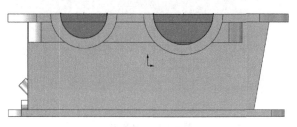

图 4-297 草图 10

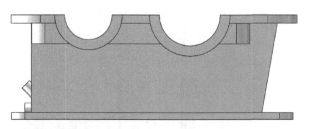

图 4-298 生成实体 11

13）下箱体内腔绘制。选择连接板上表面为基准面绘制如图 4-299 所示草图 11。选择"特征"→"拉伸切除"命令，打开"切除-拉伸"属性管理器。"方向"选择"给定深度"，距离设置为"125mm"，单击"确认"按钮 ✔，完成下箱体内腔绘制，如图 4-300 所示。

14）加强筋绘制。选择底板上表面绘制如图 4-301 所示草图 12。选择"特征"→"拉伸凸台/基面"命令，打开"凸台-拉伸"属性管理器。"方向"选择"成形到下一面"，单击"确认"按钮 ✔，完成箱体加强筋绘制，如图 4-302 所示。

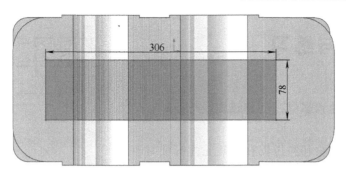

图 4-299　草图 11

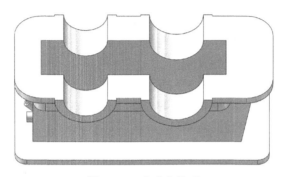

图 4-300　生成实体 12

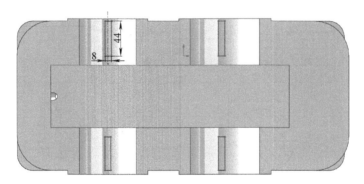

图 4-301　草图 12

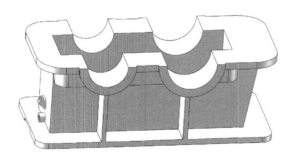

图 4-302　生成实体 13

15）选择"文件"→"另存为"命令，系统弹出"另存为"对话框，将该文件保存为"xxti. SLDPRT"。

4.8 思考与练习

1. 思考题

1）试比较螺栓和螺母在创建螺旋线特征时有什么异同。

2）试比较直齿轮和斜齿轮在创建轮齿特征时有什么异同。

2. 操作题

1）设计一带轮，尺寸如图 4-303 所示。要求采用圆柱组合的方式来创建其三维模型，同时与旋转方式所创建的模型进行对比，说出它们的异同。

2）设计一阶梯轴，尺寸如图 4-304 所示，要求采用圆柱组合的方式来创建其三维模型，同时与旋转方式所创建的模型进行对比，说出它们的异同。

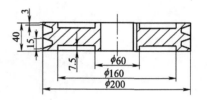
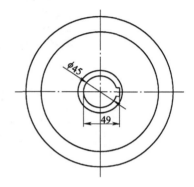

图 4-303 带轮尺寸图

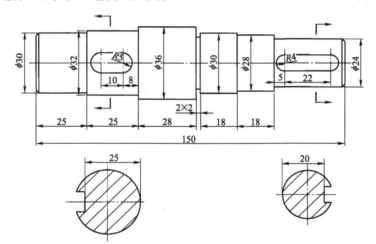

图 4-304 阶梯轴结构尺寸

3）设计如图 4-305 所示弹簧三维模型。

图 4-305 弹簧三维模型

第 5 章　装配特征三维建模

本章导读（思维导图）

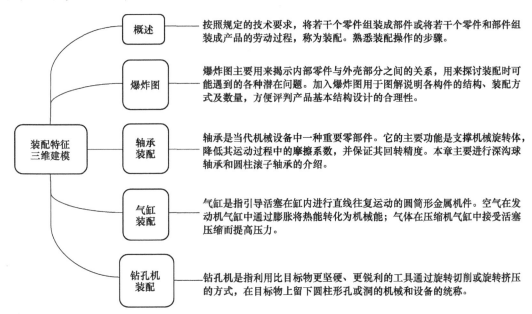

概述	按照规定的技术要求，将若干个零件组装成部件或将若干个零件和部件组装成产品的劳动过程，称为装配。熟悉装配操作的步骤。
爆炸图	爆炸图主要用来揭示内部零件与外壳部分之间的关系，用来探讨装配时可能遇到的各种潜在问题。加入爆炸图用于图解说明各构件的结构、装配方式及数量，方便评判产品基本结构设计的合理性。
轴承装配	轴承是当代机械设备中一种重要零部件。它的主要功能是支撑机械旋转体，降低其运动过程中的摩擦系数，并保证其回转精度。本章主要进行深沟球轴承和圆柱滚子轴承的介绍。
气缸装配	气缸是指引导活塞在缸内进行直线往复运动的圆筒形金属机件。空气在发动机气缸中通过膨胀将热能转化为机械能；气体在压缩机气缸中接受活塞压缩而提高压力。
钻孔机装配	钻孔机是指利用比目标物更坚硬、更锐利的工具通过旋转切削或旋转挤压的方式，在目标物上留下圆柱形孔或洞的机械和设备的统称。

将构成产品功能或结构的零件按设计意图组合成一个整体，中间的组合动作称作装配，完成的结果称作装配体。对于机械设计而言，单纯的零件并没有实际意义，需要把零部件装配成机构或机器。此外还需要对已完成的装配体进行检查和运动测试，检验装配体是否满足设计要求，这是整个设计的关键，也是 SolidWorks 的优点之一。

5.1　装配建模概述

组件是指由多个零件或零部件按一定的约束关系而构成的装配件，零件装配是通过定义零件模型之间的装配约束来实现的。可见，装配设计的重点不在几何造型的设计上，而在于确立各个被装配的元件之间的空间位置关系。

新建装配体时，既可以直接创建新的装配体文件，也可以通过已打开的零件或装配体来创建。通过已打开的零件或装配体来创建装配体时，已打开零件应该是新装配体中的第一个且被固定下来的零部件。新建装配体文件包含原点、三个标准基准面和一个配合文件夹。下面介绍新建装配体文件的操作步骤。

1）选择"文件"→"新建"命令，或者单击"标准"工具栏"新建"按钮，弹出"新建 SolidWorks 文件"对话框，如图 5-1 所示。

2）在对话框中单击"装配体"按钮，单击"确定"按钮进入装配体制作界面，或双击"装配体"按钮口进入装配体制作界面，如图 5-2 所示。

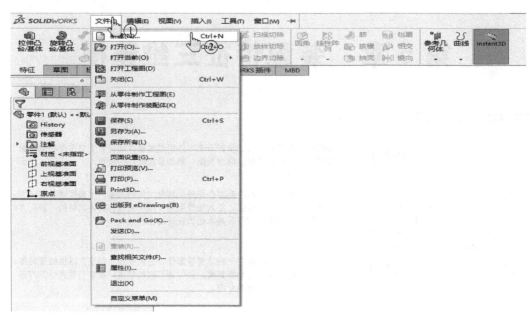

图 5-1 "新建 SolidWorks 文件"对话框

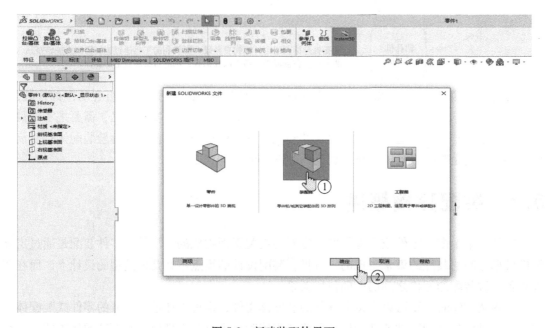

图 5-2 新建装配体界面

在新建装配体文件后，系统要求自动插入零部件或子装配体。把一个零部件或子装配体放入当前装配体中时，该零部件文件就会与装配体文件产生链接关系，对零部件的任何更改都会更新到装配体中。

1）在装配体界面单击"插入零部件"按钮，如图 5-3 所示。

2）单击"浏览"按钮，弹出"打开"对话框，如图 5-4 所示，选择要插入到装配体中

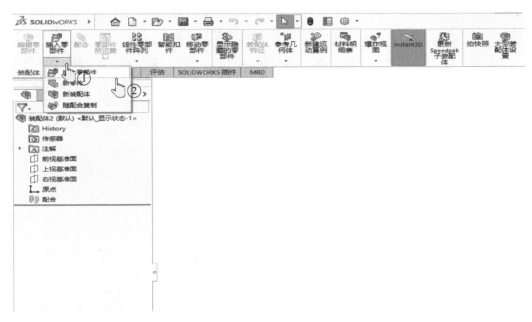

图 5-3　装配体插入零部件界面

的零部件。也可以在装配组件环境中利用现有的特征环境，创建出新的零部件，省略将零部件调入组件的过程，简化操作步骤。单击 SolidWorks "装配体"面板中的"插入零部件"按钮下方的小三角符号，弹出"插入零部件"快捷菜单，选择"新零件"命令，如图 5-5所示。

图 5-4　"打开"对话框

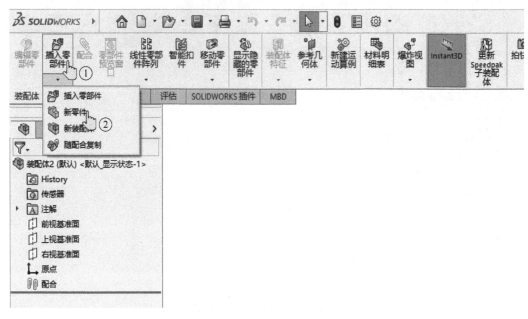

图 5-5　选择"新零件"命令

大型的产品设计往往由多个组件装配而成，如飞机、机器人等，一方面为了减少对计算机硬件的要求，另一方面为了方便整个装配体的修改，建议在进行装配时都按"先小后大"的思路组装，把一个个零件先组装成一个个子装配体，子装配体再组装成总的装配体。

5.1.1　装配配合类型

在 Solidworks 当中，插入零件之后，要想约束它，确定它的唯一位置，必须约束三个方向，分别是 X、Y、Z 三个方向，这样才能确定它的位置，约束关系在软件中称为"配合"。配合关系由"配合选择""标准配合""高级配合"和"机械配合"构成，本小节只介绍"配合选择"和"标准配合"。

1. 配合选择

配合选择是指要进行配合的点、线、面。所有物体配合都是围绕点、线、面配合，选择的面与面配合如图 5-6~图 5-8 所示。

1）方法一：鼠标左键选择需要配合的零件元素，即零件的点、线、面，然后按住〈Ctrl〉键，左键选择另一需要配合的零件元素后会出现"配合约束"工具栏如图 5-6 所示，接下来选择需要配合的类型。

2）方法二：选择"配合"◎命令进入配合界面。在配合界面①处选择需要配合的两个零件元素，在②处选择需要配合的约束类型进行配合，如图 5-7 所示。

可以在配合界面进行配合修改和将不需要的配合删除。也可以选择一个零件，单击右键，查看当前零件的所有配合，然后再进行修改与删减，如图 5-8 所示。

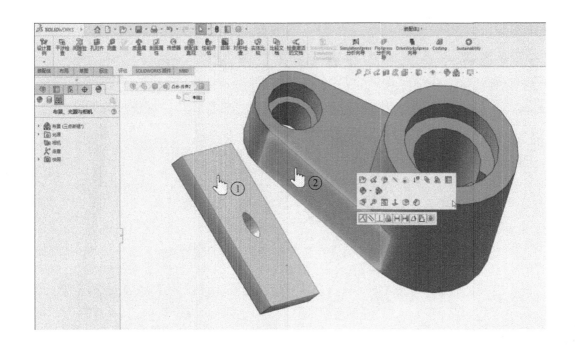

图 5-6 配合选择方法一

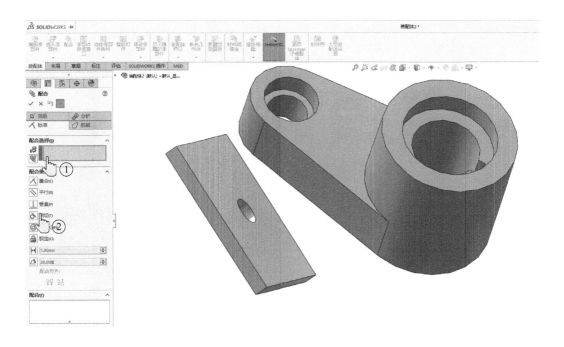

图 5-7 配合选择方法二

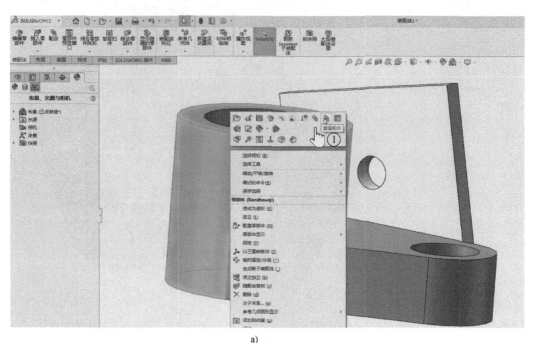

a)

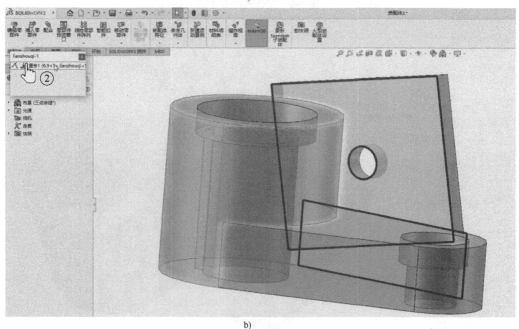

b)

图 5-8　查看零件配合界面

2. 标准配合

标准配合是 SolidWorks 最基本和最常用的一种配合方式，在一般装配时常采用此配合。

配合界面：在装配体操作界面单击"配合"按钮，弹出"配合"属性管理器。"配合"属性管理器主要由"配合选择"选项组、"标准配合"选项组、"高级配合"选项组、"机械配合"选项组、"分析配合"选项组、"配合类型"选项组组成，如图5-9所示。

单击以激活"标准配合"选项组，显示所有配合类型，单击"配合对齐"选项组中的"同向对齐"按钮或反向对齐按钮，零部件的对齐方向将旋转180°。

标准配合关系是指静态物体与静态物体之间的约束关系，共有八种，分别是重合，平行，垂直，相切，同轴心，锁定，距离和角度。

"标准配合"选项组详细配合类型说明见表5-1。

图5-9 "配合"属性管理器

表5-1 标准配合类型说明

序号	配合类型	具体说明
1	重合	选择两零部件的面、边线、基准面或定点参照，使它们重合在一起
2	平行	选择两零部件的面、基准面参照，使它们平行并保持间距相等
3	垂直	选择两零部件的面、基准面参照，使彼此间以90°放置
4	相切	将所选项以彼此间相切面放置（至少有一选择项必须为圆柱面、圆锥面或球面）
5	同轴心	将选择的两零部件放置于共享同一中心线位置
6	锁定	保持两个零部件之间的相对位置和方向不变
7	距离	将所选项以彼此间指定的距离放置
8	角度	将所选项以彼此间指定的角度放置

5.1.2 装配配合检查

装配体检查在整个产品设计中起到了检验的关键性作用，通过装配体检查，可保证零部件组装后产品总体尺寸值的正确性。

通过查看配合关系，可以知道零部件间的配合情况，也可以定义零部件之间的配合（上文已经讲述，不在此赘述）。

1. 检查干涉

在一个复杂的装配体文件中，例如，在装配体有几百个，甚至上千上万个子零部件时，很难直接判别零部件之间是否发生了干涉。SolidWorks 提供的"干涉检查"选项可以很方便地检查出装配体零部件之间的干涉问题，有助于设计人员发现问题和解决问题。

1）首先选中需要检测的零件，然后单击装配体界面的"评估"面板，打开"评估"工具栏，如图 5-10 中①处所示。

2）单击"干涉检查"按钮，弹出"干涉检查"属性管理器。

3）单击"计算"按钮进行干涉检查，"结果"列表框中显示计算结果，如图 5-10 中④处所示。每一个节点都表示一个干涉区域，图中有两个节点表示有两个干涉区域。

4）展开"选项"选项组，"选项"选项组中列举了对干涉零部件的控制选项，如图 5-10 中⑤处所示。

5）"非干涉零部件"选项组列举了非干涉零部件的显示方式，如"线框图""隐藏""透明""使用当前项"等，如图 5-10 中⑥处所示。使用此选项组中的功能选项可方便查看装配的干涉区域。

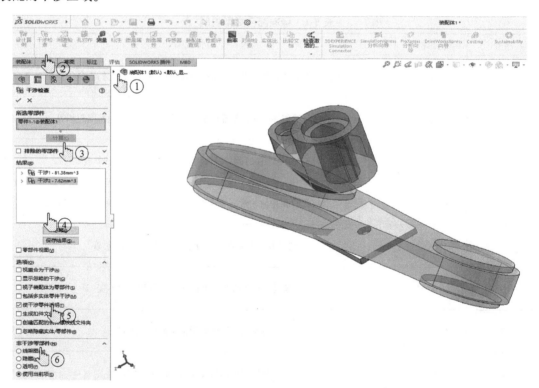

图 5-10 干涉检查示意图

2. 装配体测量

通过测量可有效减少装配误差，并得到零部件的长度、距离、半径等参数。用户可以通过测量对装配的情况有一个更直观地了解。

1）在"评估"工具栏中单击"测量"按钮 ，弹出如图 5-11 中③处所示的"测量"属性管理器。

2）选择需要测量的物体，可以是单个物体，也可以是测量相对位置。如果要测量相对位置，只需要按照顺序选择不同物体即可。图 5-11 所示为测量两圆柱的相对位置。

在使用"测量"命令时可以同时显示很多尺寸，如果需要可以通过调整图 5-11 中③处所示的选项得到自己需要的尺寸。

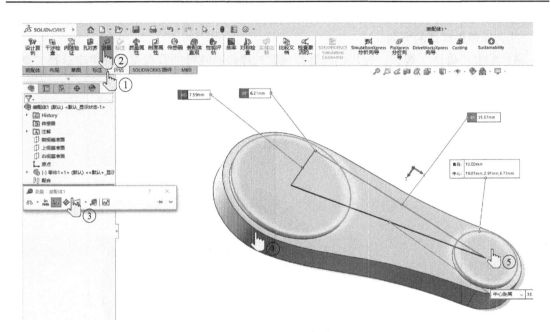

图 5-11　测量示意图

5.2　装配体零件爆炸图

装配体爆炸视图是指装配体分解的视图，是装配模型中组件按照装配关系偏离原来位置的拆分图形。通过爆炸视图可以更加方便地查看装配体中的零部件以及它们之间的装配关系。气缸装配体爆炸视图如图 5-12 所示。

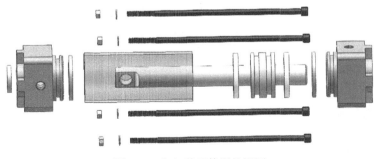

图 5-12　气缸装配体爆炸视图

爆炸视图创建步骤如下。

1）单击"装配体"面板，在打开的"装配体"工具栏中单击"爆炸视图"按钮，弹出如图 5-13 左侧所示的"爆炸"属性管理器。

2）选择一个或多个零件作为参照如图 5-13 中②处所示，在所选零件处会显示三重轴，如图 5-13 中③处所示。

3）单击选中一个坐标轴，沿该坐标轴拖动零件到其他位置，或者在"设定"选项组设置需要移动的距离，负值代表向与箭头相反的方向移动，如图 5-13 中④处所示，也可以通过边线选择零件移动的方向。

4）单击"确认"按钮，完成创建爆炸视图的操作。在特征管理器设计树中选择"解除爆炸"命令，爆炸即被解除。

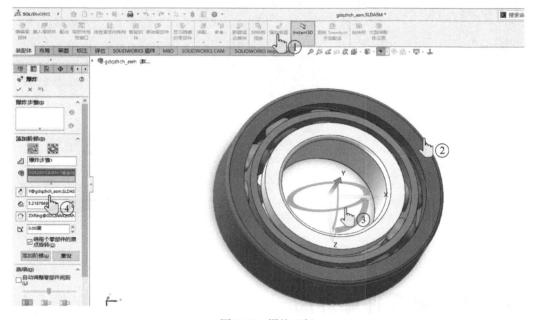

图 5-13　爆炸面板

📖 在"选项"选项组选中"自动调整零部件间距"复选框，选择的多个零部件可在拖动后自动调整间距。

SolidWorks 允许用户对已创建的爆炸视图进行编辑修改。用户可以定义多个爆炸视图步骤，它们都将被记录在"配置"属性管理器中。通过选择快捷菜单中的命令，可以在爆炸视图和正常视图之间进行切换。

5.3　滚动轴承装配

滚动轴承的基本结构如图 5-14 所示，由下列零件组成。
1）带有滚道的内圈和外圈。
2）滚动体（球或滚子）。
3）隔开并导引滚动体的保持架。

有些轴承可以少用一个套圈（内圈和外圈），或者内、外圈两个都不用，滚动体直接沿滚道滚动。内圈装在轴颈上，外圈装在轴承座中。通常内圈随轴回转，外圈固定，但也有外圈回转而内圈不动，或是内、外圈同时回转的情况。

常用的滚动体有球、圆柱滚子、滚针、圆锥滚子、球面滚子、非对称球面滚子等多种类型。轴承内、外圈的滚道，有限制滚动体轴向位移的作用。

轴承各个零件的结构多为中心对称，所以可考虑采用旋转特征创建各个单体模型，然后再组装成滚动轴承的装配体来完成整个轴承的造型设计。

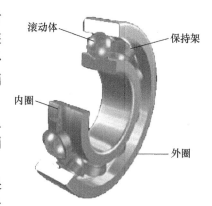

图 5-14　滚动轴承的基本结构

5.3.1　深沟球轴承的装配

深沟球轴承在机械设备中最为常见，其造型设计方法也非常典型。下面通过一个实例来具体说明利用 SolidWorks 软件，装配深沟球轴承的过程，希望读者对照书上的内容亲自练习，掌握技巧。其设计结果文档见实例/05/sgqzc. SLDASM，动画可扫描右侧二维码观看。

5.3.1　深沟球轴承的装配

设计一滚动轴承 6206（GB/T 276—2013），其结构如图 5-15所示，尺寸见表 5-2。

操作步骤

1）选择"文件"→"新建"命令，或者单击"标准"工具栏"新建"按钮，弹出"新建 SolidWorks 文件"对话框。在对话框中单击"gb_ assembly"按钮，单击"确定"按钮进入装配体界面，或双击"gb_ assembly"按钮进入装配体界面，如图 5-16 所示。

2）编辑装配体的单位。选择"工具"→"选项"命令，打开"文档属性"对话框。在"文档属性"选项卡中可以修改装配体的单位，如图 5-17 所示。

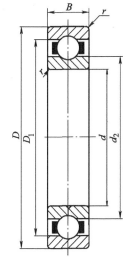

图 5-15　滚动轴承结构图

表 5-2　滚动轴承（GB/T 276—2013）　　　　　　（单位：mm）

轴承代号	基本尺寸			安装尺寸		
	d	D	B	d_{amin}	D_{amax}	r_{amax}
6405	25	80	21	34	71	1.5
61806	30	42	7	32.4	39.6	0.3
16006		55	9	32.4	52.6	0.3
6206		62	16	36	56	1
6406		90	23	39	81	1.5

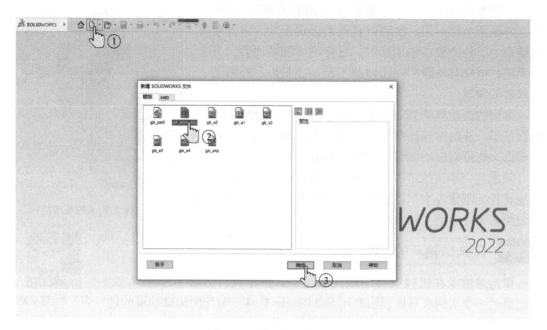

图 5-16　进入装配体界面

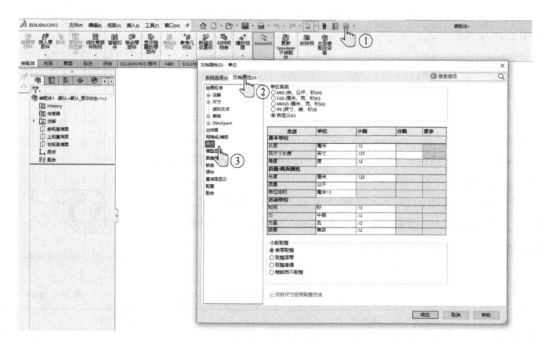

图 5-17　设置单位

3）在装配体界面单击"插入零部件"按钮，打开"插入零部件"属性管理器。单击"浏览"按钮，弹出"打开"对话框，选择文件名为 GDQQIU. sldprt 滚动球体文件和 GDQBAOCHIJIA. sldprt 的保持架文件，插入到装配体操作界面，如图 5-18 所示。

4）在装配体操作界面单击"配合"按钮，弹出"配合"属性管理器。在"配合选

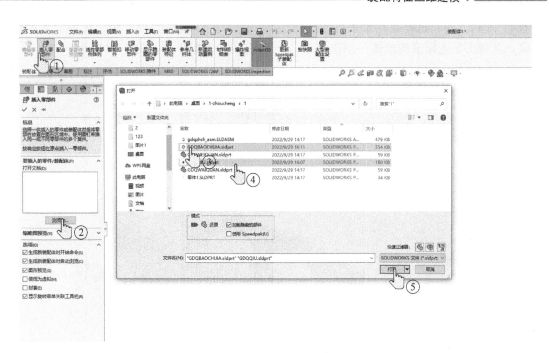

图 5-18　插入装配零件

择"列表框中选择滚动球体球面与保持架曲面,"配合类型"选择"相切",单击"确认"按钮,完成配合,如图 5-19 所示。

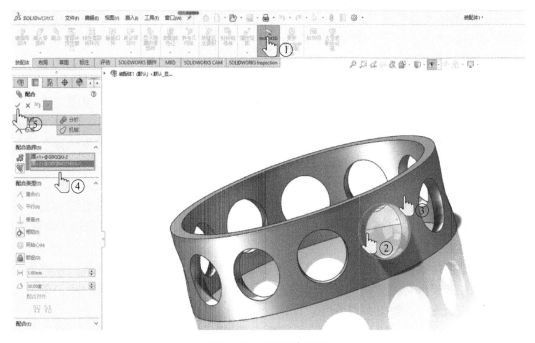

图 5-19　选取配合属性

5)选择"线性零部件阵列"→"圆周零部件阵列"命令,打开"圆周阵列"属性管理器。"阵列方向"选择保持架最外侧圆形边线，阵列数目选择"12"个，选中"等间距"选项，阵列特征选择滚动球体。单击"确认"按钮，完成阵列，如图 5-20 所示。

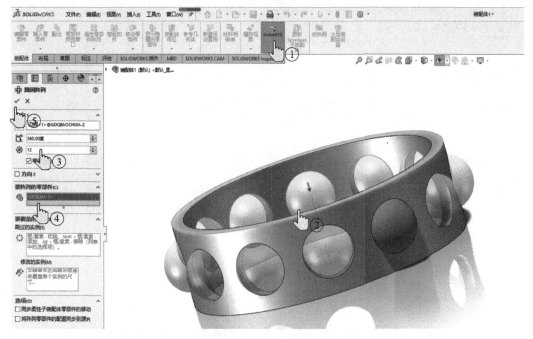

图 5-20　阵列零件

6）在装配体界面单击"插入零部件"按钮，打开"插入零部件"属性管理器。单击"浏览"按钮，弹出"打开"对话框，选择文件名为 GDQNEIQUAN. sldprt 的轴承内圈文件，插入到装配体操作界面。

7）在装配体操作界面单击"配合"按钮，打开"配合"属性管理器。在"配合选择"列表框中选择轴承内圈边线与保持架边线，"配合类型"选择"同轴心"，单击"确认"按钮，完成配合，如图 5-21 所示。

8）单击配合关系下的"高级配合"，"配合类型"选择"宽度"，"宽度选择"选择轴承外圈两侧面，"薄片选择"选择轴承内圈两侧面，单击"确认"按钮，完成第二步配合，如图 5-22 所示。

9）在装配体界面单击"插入零部件"按钮，打开"插入零部件"属性管理器。单击"浏览"按钮，弹出"打开"对话框，选择文件名为 GDQWAIQUAN. sldprt 的轴承内圈文件，插入到装配体操作界面。

10）在装配体操作界面单击"配合"按钮，打开"配合"属性管理器。在"配合选择"列表框中选择保持架边线与轴承外圈边线，"配合类型"选择"同轴心"，单击"确认"按钮，完成配合。如图 5-23 所示。

11）单击配合关系下的"高级配合"，"配合类型"选择"宽度"，"宽度选择"选择轴承外圈两侧面，"薄片选择"选择轴承内圈两侧面，单击"确认"按钮，完成配合，如图 5-24 所示。

12）滚动轴承装配完成，最后单击"保存"按钮，将文件保存。

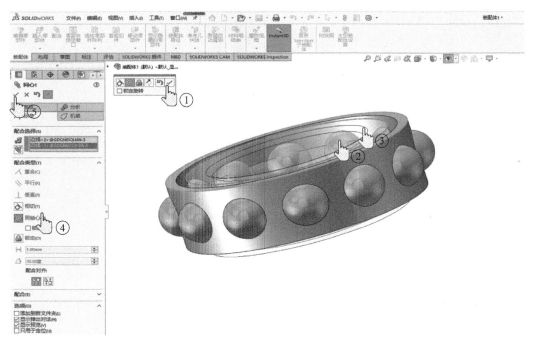

图 5-21 完成"同轴心"配合 1

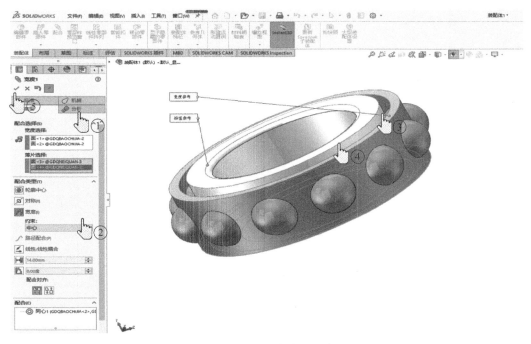

图 5-22 完成"宽度"配合 1

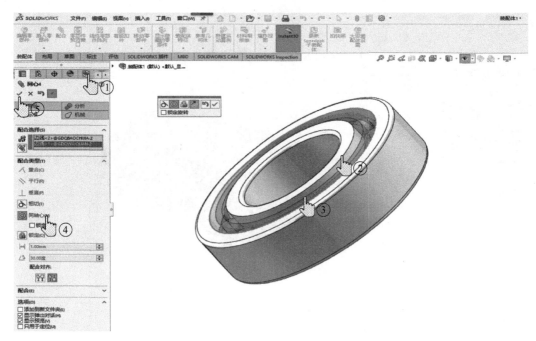

图 5-23 完成"同轴心"配合 2

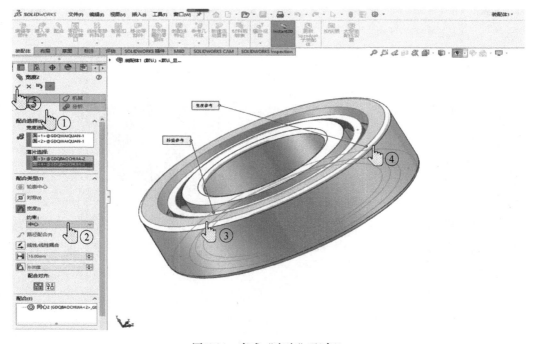

图 5-24 完成"宽度"配合 2

📖 滚动球轴承的装配设计顺序建议为，先装配保持架和滚动球体，阵列滚动球体，再分别装配内圈和外圈。

5.3.2 圆柱滚子轴承的装配

圆柱滚子轴承的造型操作过程与深沟球轴承的造型过程完全相同，读者可以参照深沟球轴承的造型方法，细细体会其中的技巧。其设计结果文档见实例/05/yzhgzhch. SLDASM，动画可扫描右侧二维码观看。

设计一圆柱滚子轴承 N208E（GB/T 283—2021），其结构如图 5-25 所示，尺寸见表 5-3。

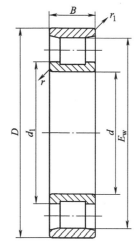

图 5-25　圆柱滚子轴承结构图

5.3.2　圆柱滚子轴承的装配

⚙ **操作步骤**

1）选择"文件"→"新建"命令，或者单击"标准"工具栏"新建"按钮 🗋，弹出"新建SolidWorks 文件"对话框。在对话框中单击"gb_assembly"按钮，单击"确定"按钮进入装配体界面，或双击"gb_ assembly"按钮进入装配体界面。

2）编辑装配体的单位。选择"工具"→"选项"命令，打开"文档属性"对话框。在"文档属性"选项卡中可以修改装配体的单位。

表 5-3　圆柱滚子轴承（GB/T 283—2021）　　　　　　（单位：mm）

轴承代号	基本尺寸			尺寸		基本尺寸
	d	D	B	r_{min}	r_{1min}	E_w
N1008	40	68	15	1	0.6	61
N208E		80	7	1.1	1.1	71.5
N2208		80	23	1.1	1.1	70
N308		90	23	1.5	1.5	77.5

3）在装配体界面单击"插入零部件"按钮，打开"插入零部件"属性管理器。单击"浏览"按钮，弹出"打开"对话框，选择文件名为 YZHTI. sldprt 圆柱体文件和 YZHG-BAOCHIJIA. sldprt 的保持架文件，插入到装配体操作界面。

4）在装配体操作界面单击"配合"按钮 ◎，打开"配合"属性管理器。单击配合关系下的"高级配合"，"配合类型"选择"宽度"，"宽度选择"选择保持架内部上下两面，"薄片选择"选择圆柱滚子上下两面，单击"确认"按钮，完成配合，如图 5-26 所示。

5）单击配合关系下的"标准配合"，在"配合选择"列表框中选择圆柱滚子曲面基准轴与预设的保持架曲面中心轴，"配合类型"选择"重合"，单击"确认"按钮，完成配合，如图 5-27 所示。

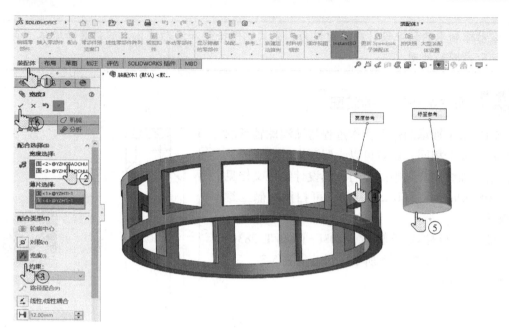

图 5-26 完成"宽度"配合 1

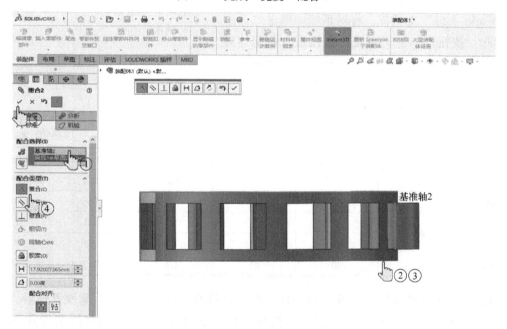

图 5-27 完成"重合"配合

6)选择"线性零部件阵列"→"圆周零部件阵列"命令,打开"圆周阵列"属性管理器。"阵列方向"选择保持架最外侧圆形边线,阵列数目选择"12"个,选中"等间距"选项,阵列特征选择圆柱体,单击"确认"按钮,完成阵列,如图 5-28 所示。

7)在装配体界面单击"插入零部件"按钮,打开"插入零部件"属性管理器。单击"浏览"按钮,弹出"打开"对话框,选择文件名为 YZHGNEIQUAN. sldprt 的轴承内圈文件,插入到装配体操作界面。

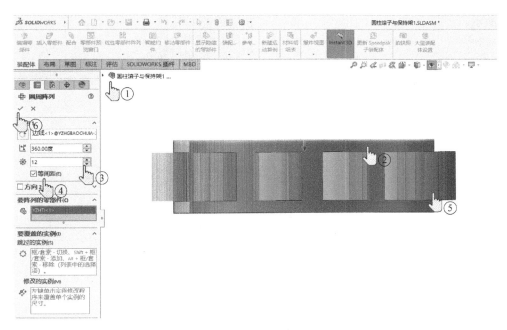

图 5-28　完成圆周阵列

8）在装配体操作界面单击"配合"按钮 ，打开"配合"属性管理器。在"配合选择"列表框中选择保持架边线与轴承内圈边线，"配合类型"选择"同轴心"，单击"确认"按钮，完成配合，如图 5-29 所示。

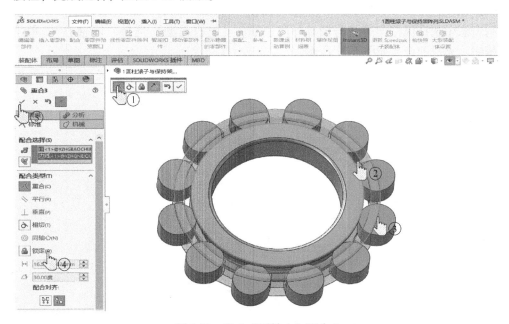

图 5-29　完成"同轴心"配合 1

9）单击配合关系下的"高级配合"，"配合类型"选择"宽度"，"宽度选择"选择保持架上下两面，"薄片选择"选择轴承内圈上下两面，单击"确认"按钮，完成配合，如图

5-30 所示。

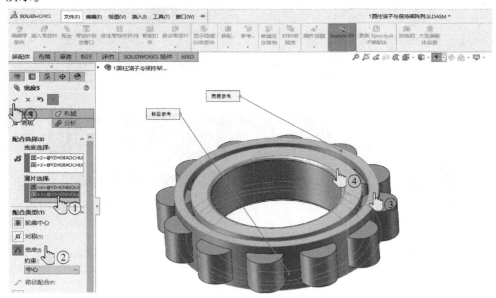

图 5-30 完成"宽度"配合 2

10）在装配体界面单击"插入零部件"按钮，打开"插入零部件"属性管理器。单击"浏览"按钮，弹出"打开"对话框，选择文件名为 YZHGWAIQUAN.sldprt 的轴承外圈文件，插入到装配体操作界面。

11）在装配体操作界面单击"配合"按钮 ，打开"配合"属性管理器。在"配合选择"列表框中选择保持架边线与轴承外圈边线，"配合类型"选择"同轴心"，单击"确认"按钮，完成配合，如图 5-31 所示。

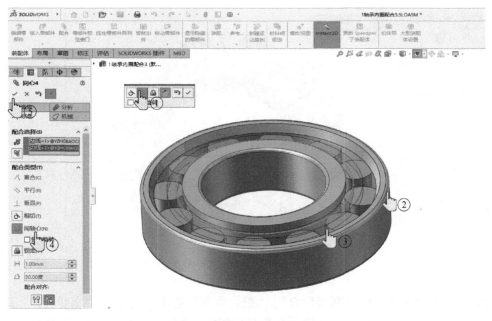

图 5-31 完成"同轴心"配合 2

12）单击配合关系下的"高级配合"，"配合类型"选择"宽度"，"宽度选择"选择保持架上下两面，"薄片选择"选择轴承内圈上下两面，单击"确认"按钮，完成配合，如图 5-32 所示。

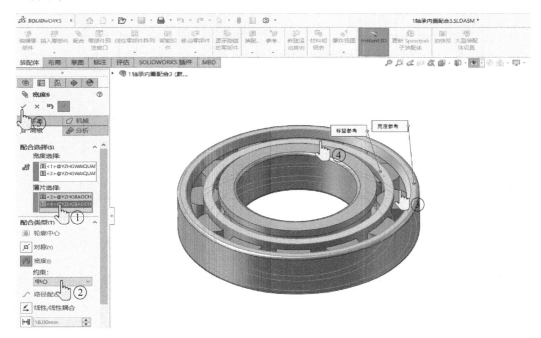

图 5-32　完成"宽度"配合 3

13）圆柱滚子轴承装配完成，最后单击"保存"按钮，将文件保存。

5.4　气缸装配

气缸是气压机械系统中广泛使用的动力元器件之一，其功能是将压缩空气动力转换成机械力和直线位移。由于空气的压缩性使气缸驱动速度和位置控制的精度不高，输出功率小。本节练习创建一个气缸，基本外形和结构参数如图 5-33 所示。其设计结果文档见实例/05/qiyagang. SLDASM，动画可扫描右侧二维码观看。

5.4.1　气缸内部装配

5.4　气缸装配

操作步骤

1）选择"文件"→"新建"命令，或者单击"标准"工具栏"新建"按钮 ，弹出"新建 SolidWorks 文件"对话框。在对话框中单击"gb_assembly"按钮，单击"确定"按钮进入装配操作界面，或双击"gb_assembly"按钮进入装配体界面。

2）编辑装配体的单位。选择"工具"→"选项"命令，打开"文档属性"对话框。在"文档属性"选项卡中可以修改装配体的单位。

3）在装配体界面单击"插入零部件"按钮，打开"插入零部件"属性管理器。单击

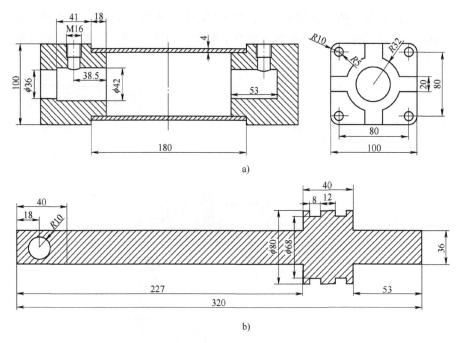

图 5-33　气缸结构图

a) 气缸部件　b) 气缸活塞

"浏览"按钮，弹出"打开"对话框，选择文件名为 QQGAI. sldprt、QQIANMFH. sldprt 和 QDUANMF. sldprt 的前端盖和两端的密封环文件，插入到装配体操作界面。

4）在装配体操作界面单击"配合"按钮，弹出"配合"属性管理器，应用"同轴心"与"重合"配合完成约束，如图 5-34 所示。

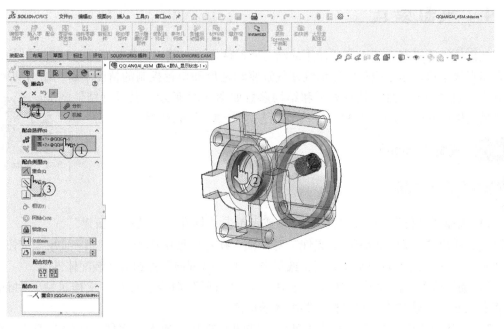

图 5-34　完成"同轴心"与"重合"配合 1

5）选择"保存"命令，弹出的"另存为"对话框，将该文件保存为 QQIANGAI_
ASM. sldasm，如图 5-35 所示。

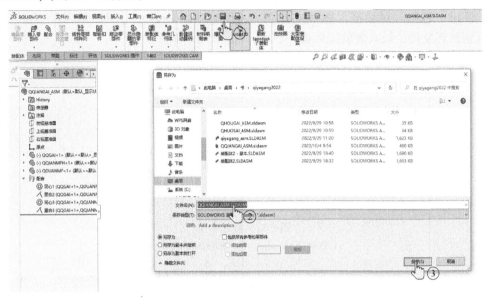

图 5-35　保存装配

6）单击"标准"工具栏"新建"按钮□，双击"gb_assembly"按钮进入装配体界面。
在装配体界面单击"插入零部件"按钮，打开"插入零部件属性管理器。"单击"浏览"
按钮，弹出"打开"对话框，选择文件名为 QHGAI. sldprt 和 QDUANMF. sldprt 的后端盖和
端密封环文件。进入装配体操作界面，在装配体操作界面单击"配合"按钮，弹出"配
合"属性管理器，应用"同轴心"与"重合"配合完成约束。选择"保存"命令，弹出的
"另存为"对话框，将该文件保存为 QHOUGAI_ASM. sldasm，如图 5-36 所示。

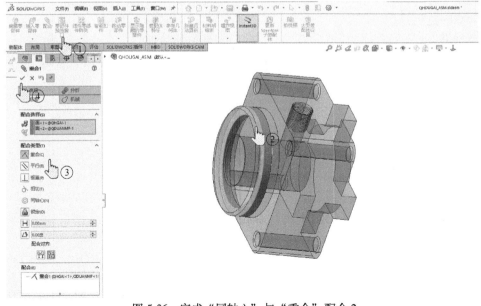

图 5-36　完成"同轴心"与"重合"配合 2

7）单击"标准"工具栏"新建"按钮 ⬚，双击"gb_ assembly"按钮进入装配体界面。在装配体界面单击"插入零部件"按钮，打开"插入零部件"属性管理器。单击"浏览"按钮，弹出"打开"对话框，选择文件名为 QHUOSAI. sldprt 和 QHUOSAIMF. sldprt 的活塞和活塞密封环文件，插入到装配体操作界面，如图 5-37 所示。

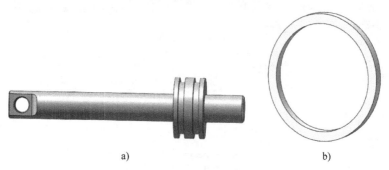

a)   b)

图 5-37　插入零件

a）QHUOSAI. sldprt　b）QHUOSAIMF. sldprt

8）在装配体操作界面单击"配合"按钮 ⬚，弹出"配合"属性管理器，应用"同轴心"与"重合"配合完成约束。选择"保存"命令，弹出的"另存为"对话框，将该文件保存为 QHUOSAI_ASM. sldasm，如图 5-38 所示。

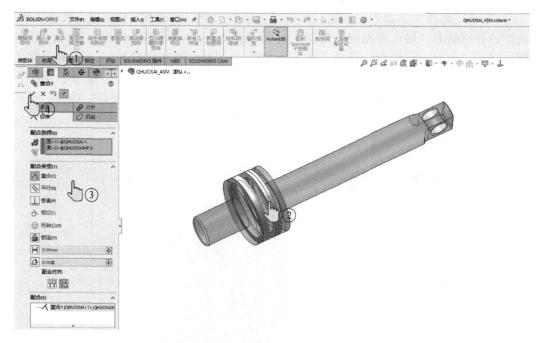

图 5-38　完成"同轴心"与"重合"配合 3

5.4.2　气缸外部装配

1）单击"标准"工具栏"新建"按钮 ⬚，双击"gb_ assembly"按钮进入装配体界面。

在装配体界面单击"插入零部件"按钮,打开"插入零部件"属性管理器。单击"浏览"按钮,弹出"打开"对话框,选择文件 QQIANGAI_ ASM. sldasm 和 QGTI. sldprt 文件插入到装配体中。在装配体操作界面单击"配合"按钮 ⟨，弹出"配合"属性管理器,应用"同轴心"与"重合"配合完成约束。如图 5-39 所示。

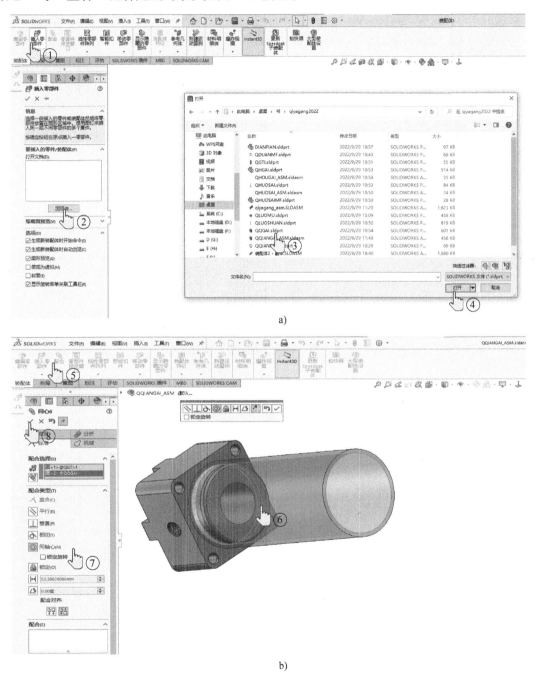

a)

b)

图 5-39　完成"同轴心"与"重合"配合 1

2) 在装配体界面单击"插入零部件"按钮，打开"插入零部件"属性管理器。单击"浏览"按钮，弹出"打开"对话框，选择文件 QHUOSAI_ASM.sldasm、QHOUGAI_ASM.sldasm 文件插入到装配体中。在装配体操作界面单击"配合"按钮 ⚓，弹出"配合"属性管理器，应用"同轴心"配合完成约束，如图 5-40、图 5-41 所示。

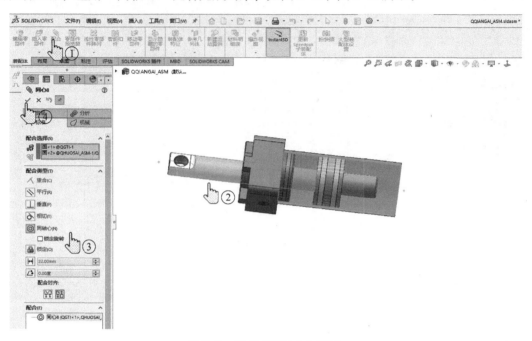

图 5-40 完成"同轴心"配合

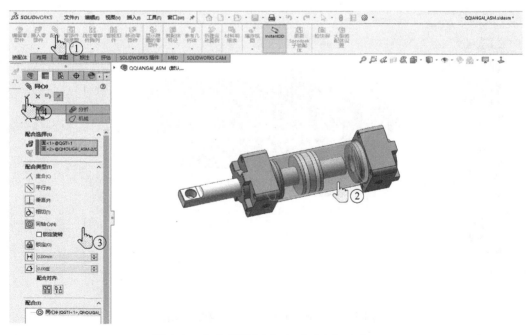

图 5-41 完成"同轴心"与"重合"配合 2

3）选择文件名为 QLUOSHUAN. sldprt、DIANPIAN. sldprt 和 QLUOMU. sldprt 的连接螺栓、垫片和螺母零部件文件，插入到装配体中。

4）在装配体操作界面单击"配合"按钮 ◎，弹出"配合"属性管理器，分别应用"同轴心"与"重合"配合完成连接螺栓、垫片和螺母零部件约束，如图 5-42 所示。

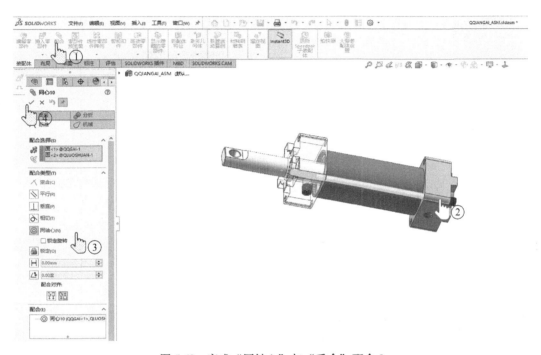

图 5-42　完成"同轴心"与"重合"配合 3

5）重复步骤 3）和 4），完成气缸最后的装配。选择"保存"命令，弹出"另存为"对话框，将该文件保存为 qiyagang_ asm. SLDASM，如图 5-43 所示。

图 5-43　装配建模效果

6）单击"运动算例"按钮，单击"马达"按钮 ◎，在活塞上添加马达，方向向外，"运动"选择"距离"，设置位移、开始时间和持续时间，单击"确认"按钮 ✓，单击"计算"按钮 📖，气缸活塞伸出，如图 5-44 所示。

7）单击"马达"按钮 ◎，在活塞上添加马达，方向向内，"运动"选择"距离"，设置位移、开始时间和持续时间，单击"确认"按钮 ✓。在"线性马达 1"和"线性马达 2""5 秒"处放置键码，单击"计算"按钮 📖，气缸活塞内缩，如图 5-45 所示。

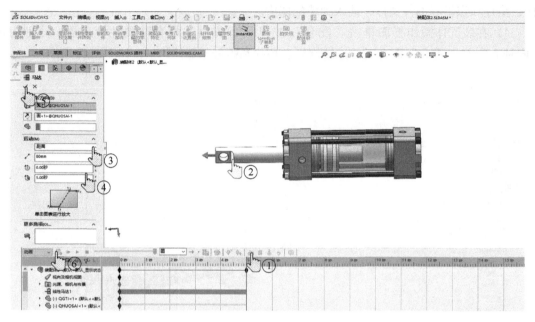

图 5-44　动画计算 1

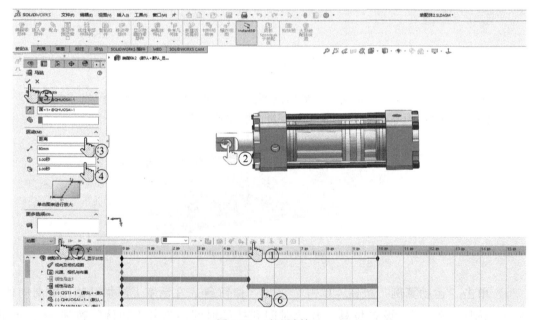

图 5-45　动画计算 2

8）重复步骤 7），实现气缸往复运动。

9）动画效果如图 5-46 所示。

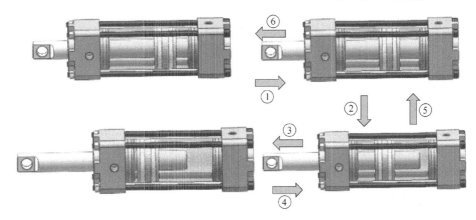

图 5-46 动画效果

5.5 钻孔机装配建模

钻孔机主要由中心钻、筒形刀、密封箱、主传动箱、钻杆总成、机壳、进给箱、计数器和液压马达等组成。开孔操作前，首先需要在管道开孔的位置安装三通和夹板阀，然后在夹板阀上安装开孔机。进行开孔操作时，开孔机开孔由周向旋转和轴向进给两种运动合成。周向旋转运动：动力来源于液压站，压力油通过液压马达转换成机械能后，通过主传动箱中蜗杆传动，减速后带动深孔内花键传动轴旋转，将动力传递给钻杆，使钻杆实现旋转运动。轴向进给运动：筒形刀的轴向进给运动由传动轴将来自于主传动箱的运动传递给进给箱内的传动齿轮，经速比变换后传递给进给丝杠，再由丝杠驱动钻杆实现轴向进给运动。其设计结果文档见实例/05/zkongji. SLDASM，动画可扫描右侧二维码观看。

5.5 钻孔
机装配建模

设计一钻孔机，其结构与尺寸如图 5-47 所示。

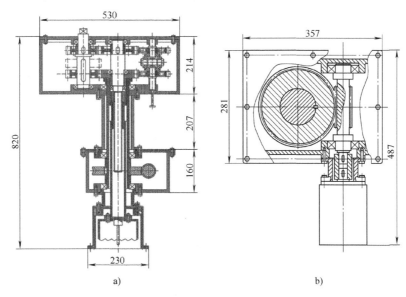

a)

b)

图 5-47 钻孔机结构图

a）钻孔机部件　b）进给箱部件

5.5.1 内部工作主轴装配

操作步骤

1）选择"文件"→"新建"命令，或者单击"标准"工具栏"新建"按钮 □，弹出"新建 SolidWorks 文件"对话框。在对话框中单击"gb_assembly"按钮，单击"确定"按钮进入装配操作界面，或双击"gb_assembly"按钮进入装配体界面。

2）编辑装配体的单位。选择"工具"→"选项"命令，打开"文档属性"对话框。在"文档属性"选项卡中可以修改装配体的单位。

3）在装配体界面单击"插入零部件"按钮，打开"插入零部件"属性管理器。单击"浏览"按钮，弹出"打开"对话框，选择文件名为 zc_107_1.sldprt、zc_107_2.sldprt 和 zc_107_3.sldprt 文件，插入到装配体操作界面。

4）在装配体操作界面单击"配合"按钮 ◎，弹出"配合"属性管理器，应用"同轴心"与"相切"配合完成约束，如图 5-48 所示。

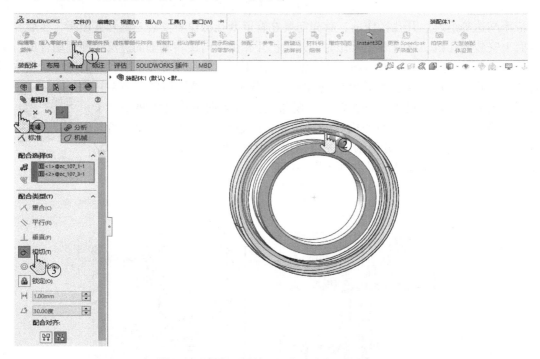

图 5-48 完成"同轴心"与"相切"配合 1

5）选择"线性零部件阵列"→"圆周零部件阵列"命令，打开"圆周阵列"属性管理器。阵列方向选择保持架最外侧圆形边线，阵列数目选择"4"个，选择阵列特征，选中"等间距"选项，单击"确认"按钮，完成阵列，如图 5-49 所示。

6）选择"保存"命令，弹出"另存为"对话框，将该文件保存为 zcd35.SLDASM，如图 5-50 所示。

7）重复步骤 1）~6），完成 zcd40.SLDASM，zcd45.SLDASM 和 zcd85.SLDASM 轴承的

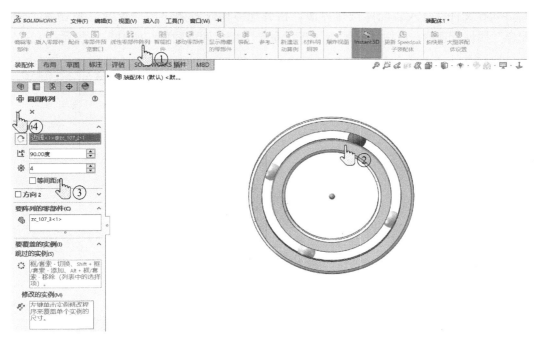

图 5-49　圆周零部件阵列

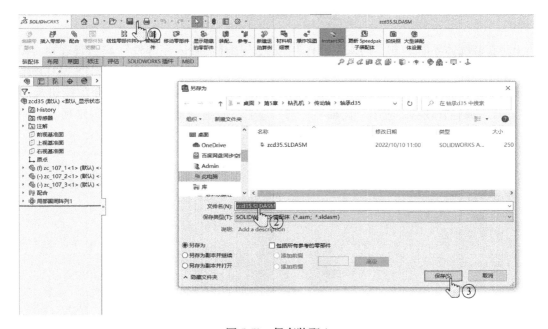

图 5-50　保存装配 1

装配。

8）单击"标准"工具栏"新建"按钮，双击"gb_assembly"按钮进入装配体界面，在装配体界面单击"插入零部件"按钮，打开"插入零部件"属性管理器。单击"浏览"按钮，弹出"打开"对话框，选择文件名为 jian_1.sldprt、chilun_011.sldprt 和 zhou_sigang. sldprt 文件，进入装配体操作界面。在装配体操作界面单击"配合"按钮 ◎，弹出"配合"属性管理器，应用"同轴心"与"重合"配合完成约束，如图 5-51 所示。

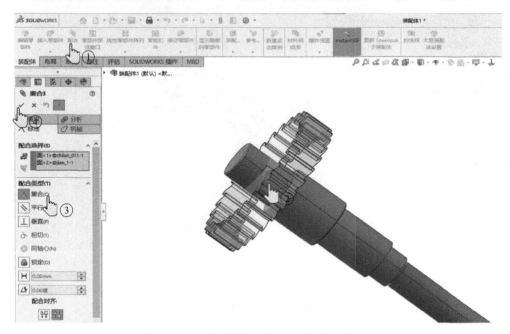

图 5-51　完成"同轴心"与"重合"配合 2

9）在装配体界面单击"插入零部件"按钮，打开"插入零部件"属性管理器。单击"浏览"按钮，弹出"打开"对话框，选择文件名为 zcd40. SLDASM、zcd45. SLDASM 和 chilun_01. sldprt 文件，进入装配体操作界面。在装配体操作界面单击"配合"按钮 ◎，弹出"配合"属性管理器，应用"同轴心"与"重合"配合完成约束，如图 5-52 所示。

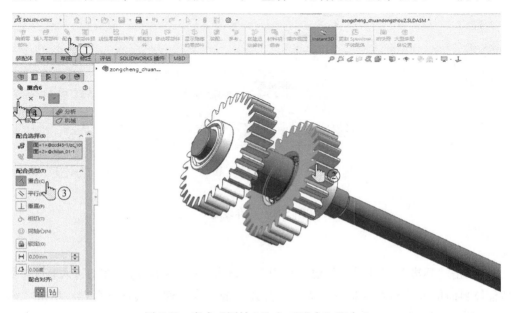

图 5-52　完成"同轴心"与"重合"配合 3

10）在装配体界面单击"插入零部件"按钮，打开"插入零部件"属性管理器。单击"浏览"按钮，弹出"打开"对话框，选择文件名为 zhoutao_ sigang. sldprt、luomu. sldprt、zcd85. SLDASM 和 zcd35. SLDASM 文件，进入装配体操作界面。在装配体操作界面单击"配合"按钮 ✅，弹出"配合"属性管理器，应用"同轴心"与"重合"配合完成约束，如图 5-53 所示。

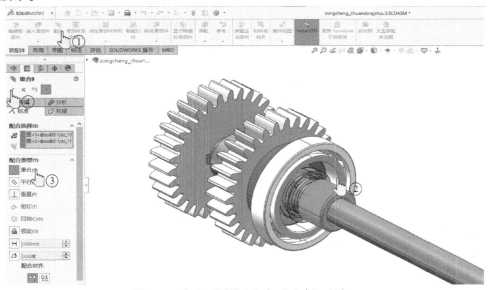

图 5-53　完成"同轴心"与"重合"配合 4

11）在装配体界面单击"插入零部件"按钮，打开"插入零部件"属性管理器。单击"浏览"按钮，弹出"打开"对话框，选择文件名为 zhou_ zuangan. sldprt 和 jian_ 3. sldprt 文件，进入装配体操作界面。在装配体操作界面单击"配合"按钮 ✅，弹出"配合"属性管理器，应用"同轴心"与"重合"配合完成约束，如图 5-54 所示。

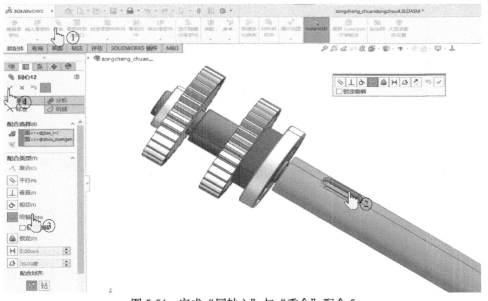

图 5-54　完成"同轴心"与"重合"配合 5

12）在装配体界面单击"插入零部件"按钮，打开"插入零部件"属性管理器。单击"浏览"按钮，弹出"打开"对话框，选择文件名为 zhou_chuandong.sldprt 和 jian_1.sldprt 文件，进入装配体操作界面。在装配体操作界面单击"配合"按钮 ⬙，弹出"配合"属性管理器，应用"同轴心"与"重合"配合完成约束，如图 5-55 所示。

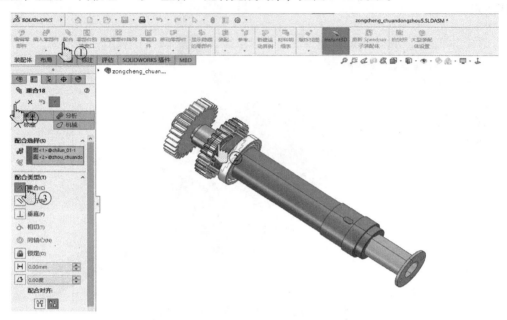

图 5-55　完成"同轴心"与"重合"配合 6

13）动画操作。单击"运动算例"按钮，单击"马达"按钮 ⬙，在主轴上添加马达。"运动"选择"等速"，设置速度，单击"确认"按钮 ✔，单击"计算"按钮 ⬙，确保工作主轴的装配正确，可传递动力，如图 5-56 所示。

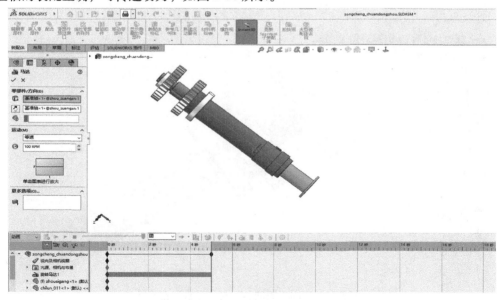

图 5-56　运动算例

14）选择"保存"命令，弹出"另存为"对话框，将该文件保存为 zongcheng_ chuan-dongzhou. SLDASM，如图 5-57 所示。

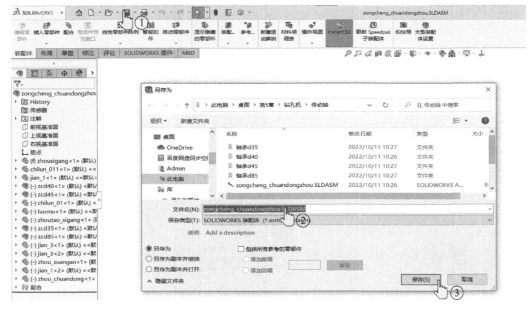

图 5-57　保存装配 2

5.5.2　蜗杆主传动轴箱装配

1）选择"文件"→"新建"命令，或者单击"标准"工具栏"新建"按钮□，弹出"新建 SolidWorks 文件"对话框。在对话框中单击"gb_assembly"按钮，单击"确定"按钮进入装配操作界面，或双击"gb_assembly"按钮进入装配体界面，在装配体界面单击"插入零部件"按钮，打开"插入零部件"属性管理器。单击"浏览"按钮，弹出"打开"对话框，选择文件名为 zhuchuandongxiang. sldprt、wogan. sldprt 和 zcd40. SLDASM 文件，插入到装配体操作界面。

2）在装配体操作界面单击"配合"按钮，弹出"配合"属性管理器，应用"同轴心"与"重合"配合完成约束，如图 5-58 所示。

3）在装配体界面单击"插入零部件"按钮，打开"插入零部件"属性管理器。单击"浏览"按钮，弹出"打开"对话框，选择文件名为 yeyamada. sldprt、jian_yeyamada. sldprt 和 lianzhouqi. sldprt 文件，进入装配体操作界面。在装配体操作界面单击"配合"按钮 ◎，弹出"配合"属性管理器，应用"同轴心"与"重合"配合完成约束，如图 5-59 所示。

4）在装配体界面单击"插入零部件"按钮，打开"插入零部件"属性管理器。单击"浏览"按钮，弹出"打开"对话框，选择文件名为 luoshuan_ m8. sldprt 和 mifengtong_ dian-jizhou. sldprt 文件，进入装配体操作界面。在装配体操作界面单击"配合"按钮 ◎，弹出"配合"属性管理器，应用"同轴心"与"重合"配合完成约束，如图 5-60 所示。

5）选择"线性零部件阵列"→"圆周零部件阵列"命令，阵列方向选择保持架最外侧圆形边线，阵列数目选择"4"个，选择阵列特征，选中"等间距"选项，单击"确认"按

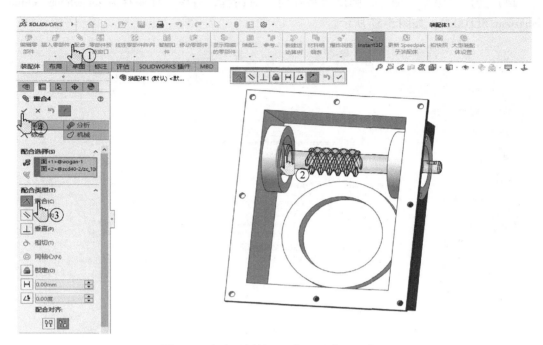

图 5-58 完成"同轴心"与"重合"配合 1

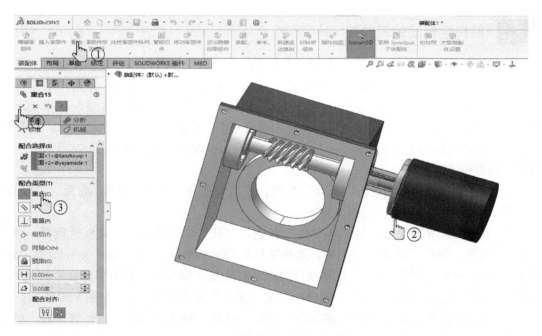

图 5-59 完成"同轴心"与"重合"配合 2

钮，完成阵列，如图 5-61 所示。

6）动画操作。单击"运动算例"按钮，单击"马达"按钮 ，在蜗杆上添加马达，"运动"选择"等速"，设置速度，单击"确认"按钮 ，单击"计算"按钮 ，确保主

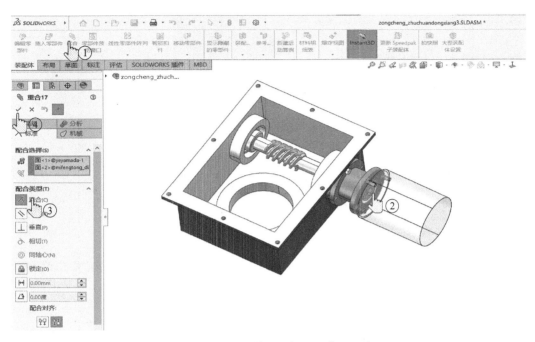

图 5-60 完成"同轴心"与"重合"配合 3

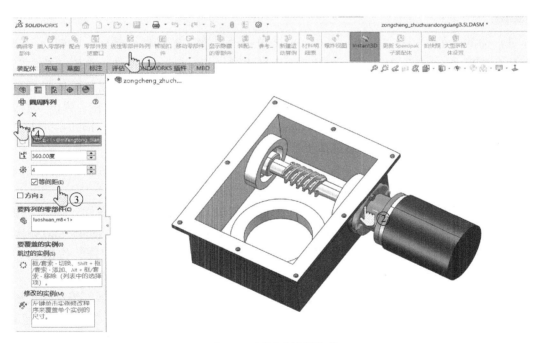

图 5-61 圆周零部件阵列

传动箱的装配正确，可提供动力，如图 5-62 所示。

7）选择"保存"命令，弹出"另存为"对话框，将该文件保存为 zongcheng_ zhuchuandongxiang. SLDASM。

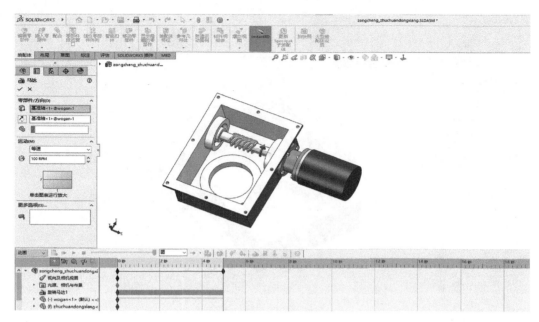

图 5-62　动画计算

5.5.3　第二传动轴及计数器设备装配

1）选择"文件"→"新建"命令，或者单击"标准"工具栏"新建"按钮 □，弹出"新建 SolidWorks 文件"对话框。在对话框中单击"gb_assembly"按钮，单击"确定"按钮进入装配操作界面，或双击"gb_assembly"按钮进入装配体界面，在装配体界面单击"插入零部件"按钮，打开"插入零部件"属性管理器。单击"浏览"按钮，弹出"打开"对话框，选择文件名为 zhoutao_zhoucheng.sldprt、jian_1.sldprt、zhou_beidong.sldprt 和 chilun_011.sldprt 文件，插入到装配体操作界面。

2）在装配体操作界面单击"配合"按钮 ◎，弹出"配合"属性管理器，应用"同轴心"与"重合"配合完成约束，如图 5-63 所示。

3）在装配体界面单击"插入零部件"按钮，打开"插入零部件"属性管理器。单击"浏览"按钮，弹出"打开"对话框，选择文件名为 jian_2.sldprt、zcd45.SLDASM 和 zcd40.SLDASM 文件，进入装配体操作界面。在装配体操作界面单击"配合"按钮 ◎，弹出"配合"属性管理器，应用"同轴心"与"重合"配合完成约束，如图 5-64 所示。

4）动画操作。单击"运动算例"按钮，单击"马达"按钮 ⬚，在第二传动轴上添加马达，"运动"选择"等速"，设置速度，单击"确认"按钮 ✔，单击"计算"按钮 ⬚，确保第二传动轴的装配正确，可传递动力，如图 5-65 所示。

5）选择"保存"命令，弹出"另存为"对话框，将该文件保存为 zongcheng_dierchuandongzhou.SLDASM。

6）选择"文件"→"新建"命令，或者单击"标准"工具栏"新建"按钮 □，弹出"新建 SolidWorks 文件"对话框。在对话框中单击"gb_assembly"按钮，单击"确定"按钮进入装配操作界面，或双击"gb_assembly"按钮进入装配体界面，在装配体界面单击

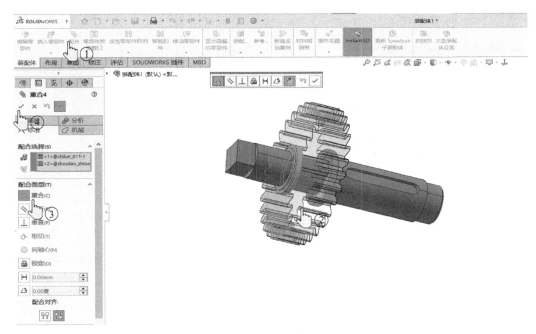

图 5-63　完成"同轴心"与"重合"配合 1

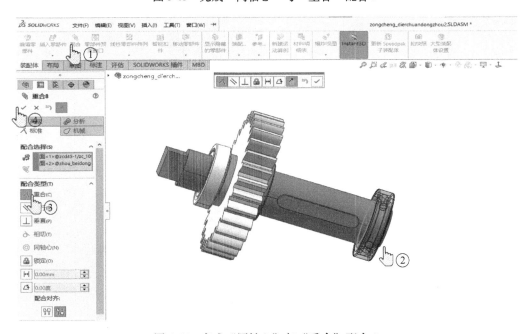

图 5-64　完成"同轴心"与"重合"配合 2

"插入零部件"按钮口，打开"插入零部件"属性管理器。单击"浏览"按钮，弹出"打开"对话框，选择文件名为 chilun_jishu. sldprt、zhou_jishuchilun. sldprt 和 zhuichilun. sldprt 文件，插入到装配体操作界面。

7）在装配体操作界面单击"配合"按钮 ◈，弹出"配合"属性管理器，应用"同轴心"与"重合"配合完成约束，如图 5-66 所示。

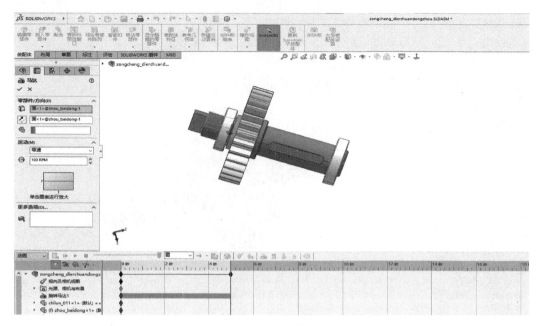

图 5-65　运动算例

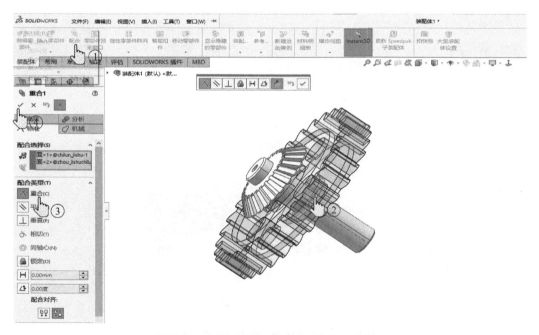

图 5-66　完成"同轴心"与"重合"配合 3

8）选择"保存"命令，弹出"另存为"对话框，将该文件保存为 zongcheng_ jishu_ xia. sldasm。

9）选择"文件"→"新建"命令，或者单击"标准"工具栏"新建"按钮 □，弹出 "新建 SolidWorks 文件"对话框。在对话框中单击"gb_ assembly"按钮，单击"确定"按 钮进入装配操作界面，或双击"gb_ assembly"按钮进入装配体界面，在装配体界面单击

"插入零部件"按钮,打开"插入零部件"属性管理器。单击"浏览"按钮,弹出"打开"对话框,选择文件名为 chilun_ jishu. sldprt、zhou_ jishu_ shang. sldprt 和 zhuichilun. sldprt 文件,插入到装配体操作界面。

10)在装配体操作界面单击"配合"按钮 ◎,弹出"配合"属性管理器,应用"同轴心"与"重合"配合完成约束,如图 5-67 所示。

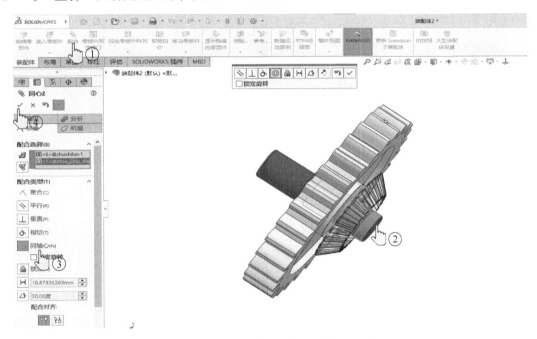

图 5-67 完成"同轴心"与"重合"配合 4

11)选择"保存"命令,弹出"另存为"对话框,将该文件保存为 zongcheng_jishu. sldasm。

5.5.4 外围零件的总体装配

1)选择"文件"→"新建"命令,或者单击"标准"工具栏"新建"按钮 □,弹出"新建 SolidWorks 文件"对话框。在对话框中单击"gb_ assembly"按钮,单击"确定"按钮进入装配操作界面,在装配体界面单击"插入零部件"按钮,打开"插入零部件"属性管理器。单击"浏览"按钮,弹出"打开"对话框,选择文件名为 jingeixiang_ xia. sldprt、zongcheng_ dierchuandongzhou. SLDASM 和 zongcheng_ chuandongzhou. SLDASM 文件,插入到装配体操作界面。

2)在装配体操作界面单击"配合"按钮 ◎,弹出"配合"属性管理器,应用"同轴心""齿轮配合"与"重合"配合完成约束,如图 5-68 所示。

3)动画操作。单击"运动算例"按钮,单击"马达"按钮 🐾,在传动轴上添加马达,"运动"选择"等速",设置速度,单击"确认"按钮 ✓,单击"计算"按钮 🖩,确保齿轮的装配正确,可传递动力,如图 5-69 所示。

4)在装配体界面单击"插入零部件"按钮,打开"插入零部件"属性管理器。单击"浏

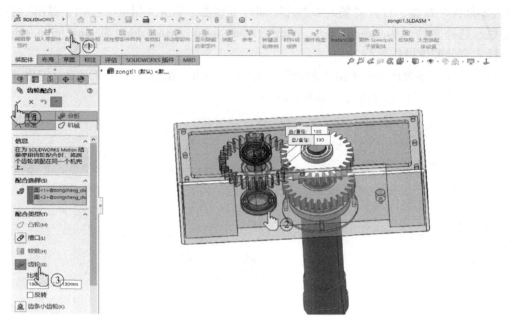

图 5-68　完成"同轴心""齿轮配合"与"重合"配合 1

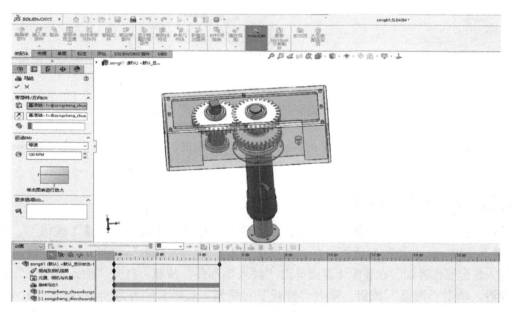

图 5-69　完成运动验证 1

览"按钮，弹出"打开"对话框，选择文件名为 chilun_011. sldprt、zhuichilun. SLDPRT、chuan-dongxiang_gai. sldprt、zhou_jishuqi. sldprt、zhou_chasuchilun. sldprt、zongcheng_jishu. SLDASM 和 zongcheng_jishu_xia. SLDASM 文件，进入装配体操作界面。在装配体操作界面单击"配合"按钮
，弹出"配合"属性管理器，应用"同轴心""齿轮配合"与"重合"配合完成约束，如图 5-70 所示。

5）动画操作。单击"运动算例"按钮，单击"马达"按钮，在传动轴上添加马达，

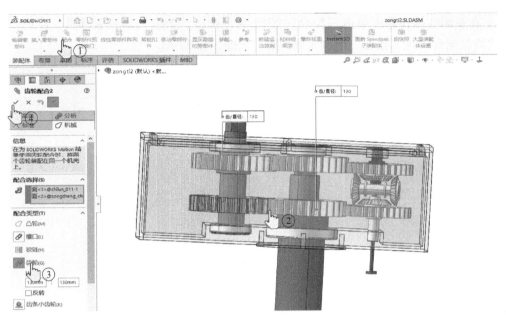

图 5-70　完成"同轴心""齿轮配合"与"重合"配合 2

"运动"选择"等速"，设置速度，单击"确认"按钮 ✔，单击"计算"按钮 ▦，确保计数齿轮的装配正确，可由传动轴正常带动运动，如图 5-71 所示。

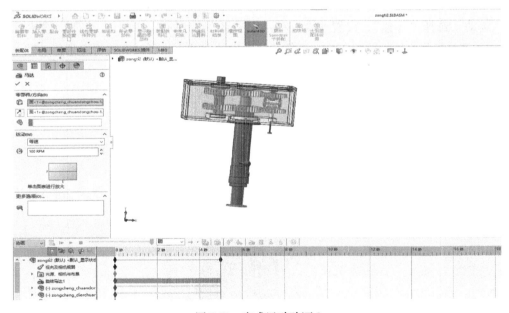

图 5-71　完成运动验证 2

6）在装配体界面单击"插入零部件"按钮，打开"插入零部件"属性管理器。单击"浏览"按钮，弹出"打开"对话框，选择文件名 daojumifengtong. sldprt、jiti_ke. sldprt、mifengtong. sldprt、tongxingdao. sldprt、wolun1. SLDPRT、zcd85. SLDASM、zhognxinzuan. sldprt、zhucuandongxiang_gai. sldprt 和 zongcheng_zhuchuandongxiang. SLDASM 文件，进入装配体操作

界面。在装配体操作界面单击"配合"按钮 ◎，弹出"配合"属性管理器，应用"同轴心""齿轮配合"与"重合"配合完成约束，如图 5-72 所示。

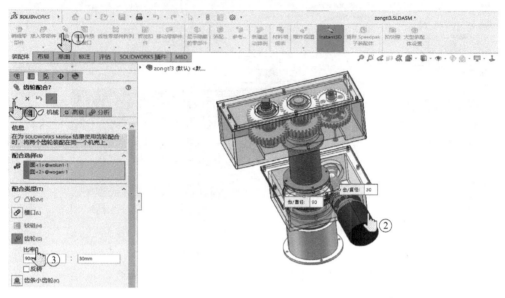

图 5-72 完成"同轴心""齿轮配合"与"重合"配合 3

7）动画操作。单击"运动算例"按钮，单击"马达"按钮 ，在主传动箱上添加马达，"运动"选择"等速"，设置速度，单击"确认"按钮 ✔，单击"计算"按钮 ，确保主传动箱与工作主轴的装配正确，由传动箱提供的主动力，可被有效传递到传动轴上，如图 5-73 所示。

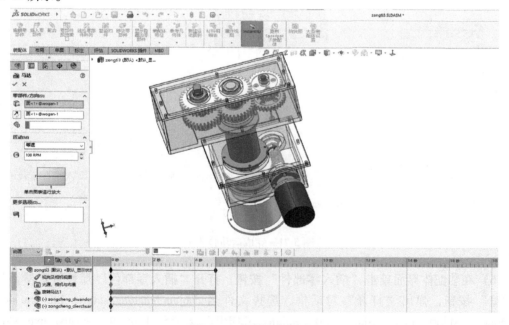

图 5-73 完成运动验证 3

8）选择"保存"命令，弹出"另存为"对话框，将该文件保存为 zkongji. sldasm，如图 5-74 所示。

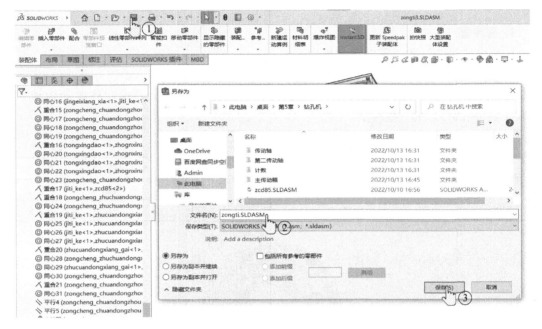

图 5-74　保存装配

9）动画操作。单击"运动算例"按钮，单击"马达"按钮，在蜗杆上添加马达，"运动"选择"等速"，设置速度，单击"确认"按钮 ✓ ，单击"计算"按钮 ，钻孔机正常运动，如图 5-75 所示。

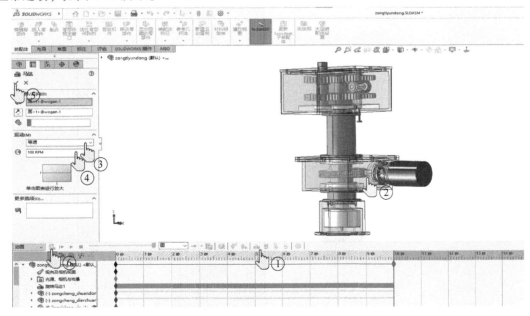

图 5-75　动画计算

5.6 思考与练习

1. 思考题

试给出"组件"和"零件"的概念。

2. 操作题

设计一滚动轴承，尺寸见表 5-4，三维模型如图 5-76 所示。要求制作滚动轴承 6404（GB/T 276—2013）的三维模型。

表 5-4　滚动轴承（GB/T 276—2013）　　　　　　　　　　（单位：mm）

轴承代号	基本尺寸			安装尺寸		
	d	D	B	d_{amin}	D_{amax}	r_{amax}
6406	30	90	23	39	81	1.5

图 5-76　滚动轴承三维模型

第6章 工 程 图

本章导读（思维导图）

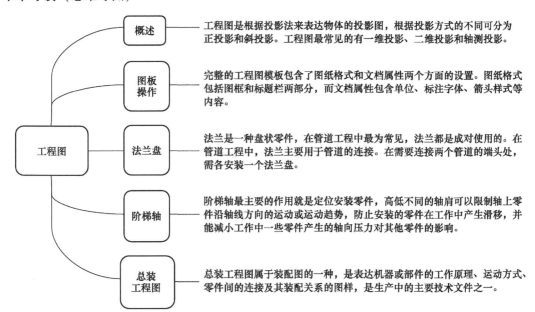

在工程技术界中由于"形"信息的重要性，工程技术人员均把"工程图学"作为其基本素质及基本技能之一来看待。工程图是描述和传递产品信息的主要媒介，扮演着产品信息整合和展示平台的角色。SolidWorks 可以从三维实体直接生成工程图，省去了二维制图中反复的制图、改图、出图的过程，从而使工程图设计的任务量和难度都大大下降。本章将详细介绍 SolidWorks 工程图设计的方法，并结合具体的实例使用户掌握 SolidWorks 工程图的基本操作方法，进而生成能表达设计思想和组织生产的工程图。

6.1 工程图制作基础

工程图是设计思想的表达，也是组织生产的依据，在工程技术界扮演着重要角色。工程图文件包括将零部件各个部分表达清晰的视图、完整的尺寸标注、各个部分的技术要求，以及标题栏和明细表等内容。

SolidWorks 中的工程图、零件图和装配体是相互链接的，修改其中任一参数，其他两个模块中的相应结构参数会由系统自动进行更新。CAD 中的工程图也可通过复制粘贴到 SolidWorks 工程图中，这样大大提高了工程图绘图效率。

用 SolidWorks 创建工程图时可自行设置图纸格式和属性，根据需要自定义工程图模板，创建标题栏。工程图视图可由三维零件或装配体生成；工程图尺寸可直接插入，也可通过"标注"面板生成；工程图技术要求可由模型给定，也可在注释内容中标出。

6.1.1 创建工程图文件

1. 新建文件

选择"文件"→"新建"命令，或直接单击"标准"工具栏中的"新建"按钮，单击"高级"按钮，系统弹出如图 6-1 所示的"新建 SolidWorks 文件"（高级）对话框（软件中为"SOLIDWORKS"），单击需要的图纸型号，如需要 a0 图纸，则单击"gb_a0"按钮，单击"确定"按钮，系统弹出模型视图界面。

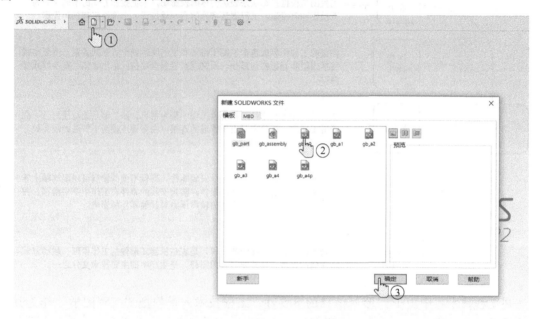

图 6-1 "新建 SOLIDWORKS 文件"（高级）对话框

2. 图纸格式

SolidWorks 提供了多种图纸格式，用户可以自定义工程图的格式，以符合我国国家标准或企业标准。

右键单击工程图绘制区，在弹出的快捷菜单中选择"编辑图纸格式"命令，在编辑图纸格式状态下，图纸的图框和标题都为可编辑状态。如需修改文字，双击标题栏中的文字即可修改文字内容；也可单击文字，在左侧弹出的"注释"属性管理器的"文字格式"选项组中修改文字的对齐方式、旋转角度和字体等。如需修改线型，可单击需要修改的线型，在左侧弹出的"线条属性"属性管理器中修改即可，如图 6-2 所示。

3. 图纸属性

右键单击工程图绘制区，在弹出的快捷菜单中选择"图纸属性"，然后在弹出的"图纸属性"对话框中进行设置。在"名称"文本框中输入图样的名称，在"比例"文本框中指定本图样所使用的比例。在"图纸格式/大小"下拉列表框中选择图纸，若选择"只显示标准格式"，则下拉列表中只显示四种 GB 图纸；单击"浏览"按钮可以选择其他图纸格式；选择"自定义图纸大小"，可在"宽度"和"高度"文本框中指定纸张的大小。在"投影类型"选项组中可选择"第一视角"或"第三视角"。在"下一视图标号"文本框中指定

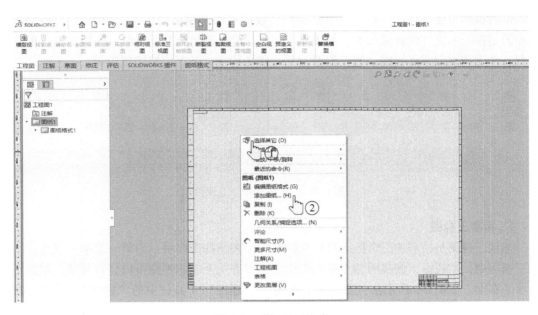

图 6-2　编辑图纸格式

下一个视图标号要使用的英文字母代号；在"下一基准标号"文本框中指定下一个基准标号要使用的英文字母代号，如图 6-3 所示。

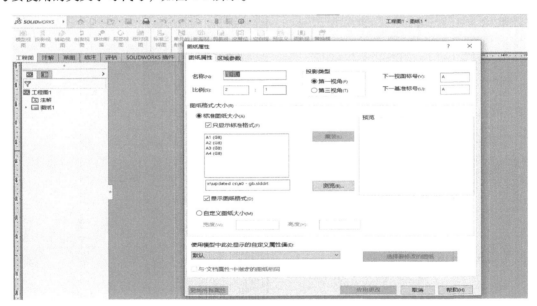

图 6-3　"图纸属性"对话框

6.1.2　创建工程图视图

在工程图中，视图主要用于表达机件的外形，不可见部分用剖视图或细虚线画出。视图可分为基本视图、剖视图、向视图、斜视图和局部视图。SolidWorks 在"视图布局"工具栏中提供的视图主要有标准三视图、模型视图、投影视图、辅助视图、剖面视图、局部视图、断开的剖视图和交替位置视图等，如图6-4所示。用户在创建工程图前，应根据零件的三维模型，考虑和规划零件视图，如工程图由几个视图构成，是否需要剖视图等。

图6-4 "视图布局"工具栏

1. 标准三视图

标准三视图是指添加三个标准且正交的视图。视图的方向可以为第一或第三视角。在标准三视图中，主视图、俯视图和左视图有固定的对齐关系。俯视图可以竖直移动，左视图可以水平移动。以图6-5所示法兰盘为例，单击"工程图"工具栏中的"标准三视图"按钮，在"工程图视图1"属性管理器中单击"标准视图"按钮，在图纸模板中自动生成法兰盘的标准三视图。

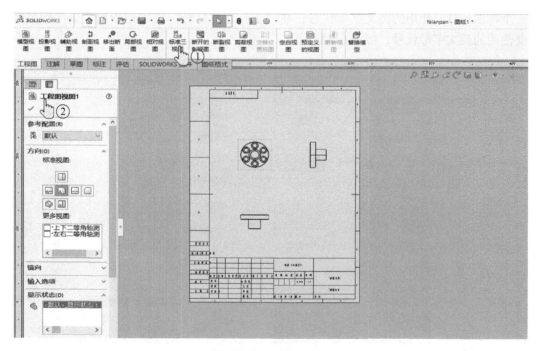

图6-5 法兰盘三视图

2. 模型视图

标准三视图由于其提供的视角十分固定，在实际应用中有很大的局限性，不能清晰地表达机件的细节。在SolidWorks中可通过在标准三视图中插入模型视图，从而从不同的角度生成工程图。以图6-6所示法兰盘为例，单击"视图布局"工具栏中的"模型视图"按钮，在"模型视图"属性管理器中单击"浏览"按钮，拖出一个视图方框，表示模型视图的大小，可在"工程图视图 3"属性管理器的"方向"选项组中选择视图的投射方向。单击视图方框，可在指定位置生成相应的投影视图。

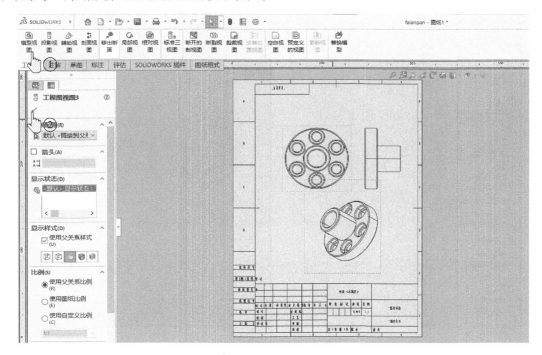

图 6-6　法兰盘模型视图

3. 剖面视图

用剖切面完全剖开机件所得的剖视图称为全剖视图。全剖视图用于外形简单而内部结构较复杂且不对称的机件；半剖视图多用于内、外部结构都需要表达且具有对称平面的机件；当机件的内部结构分层排列时，可采用几个平行的平面同时剖开机件，这种剖切方法称为阶梯剖。阶梯剖视图和全剖视图在本质上没有区别，但它的截面是偏距截面。用两个相交的剖切面（交线垂直于某一基本投影面）剖开机件的剖切方法称为旋转剖。旋转剖主要用于表达孔、槽等内部结构不在同一剖切面内但又具有公共回转轴线的机件。以图 6-7 所示法兰盘为例，在"视图布局"工具栏中单击"剖面视图"按钮，选取剖切线类型。在剖切区域的合适位置放置剖切线，选择合适的位置单击生成全剖视图。

4. 局部视图

机件的部分结构用大于原始图形的比例画出，称为局部放大视图。当机件上的某些细小结构在原图形中表示不清或不便于标注尺寸时，可采用局部放大视图。以图 6-8 所示法兰盘为例，在"视图布局"工具栏中单击"局部视图"按钮，绘制一个圆作为放大范围，选择合适的位置单击生成局部放大视图。

5. 断裂视图

工程图中有些较长的机件，如长轴、杆、型材等，这些机件沿长度方向的形状相同或按一定规律变化时，可断开后缩短绘制，断开后的结构应按实际长度标注尺寸，断裂边界可用波浪线、双折线绘制。以图 6-9 所示阶梯轴为例，单击"视图布局"工具栏中的"断裂视图"按钮，在"断裂视图"属性管理器的"断裂视图设置"选项组中选择折断线为竖直方向，生成断裂视图。

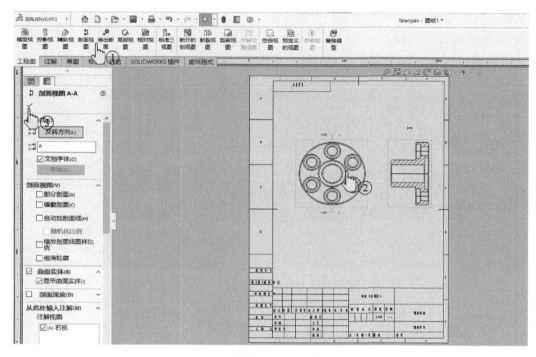

图 6-7　法兰盘全剖视图

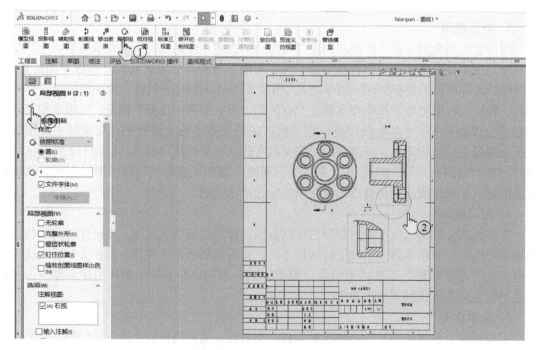

图 6-8　法兰盘局部放大视图

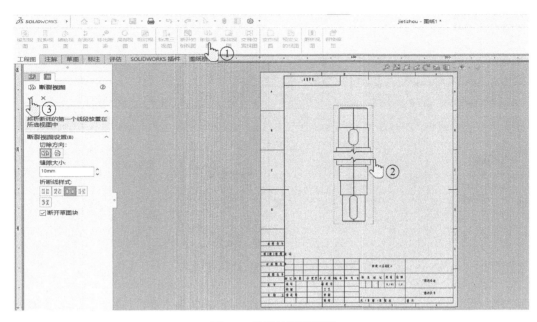

图 6-9　阶梯轴断裂视图

6.1.3　工程图尺寸标注

在工程视图中，尺寸用来描述零件或装配体的形状和大小，注解用来提供制造和装配的附加信息以增强工程图的效果。在 SolidWorks 中，工程视图的尺寸与模型中的尺寸是相关联的。用户在工程图文件中添加的尺寸只是参考尺寸，并且是从动尺寸。

1. 智能尺寸

用户可以在工程图文件中通过"智能尺寸"命令添加尺寸。这些添加的尺寸是参考尺寸，显示的是模型的测量值，但并不驱动模型，可通过"尺寸"属性管理器更改数值。用"智能尺寸"命令添加尺寸有两种方式，可以逐个标注需要标注的尺寸，也可以自动标注。以法兰盘为例，使用"智能尺寸"命令插入尺寸的方法，如图 6-10 所示。

2. 尺寸公差的标注

以法兰盘为例标注尺寸公差的方法如图 6-11 所示。

3. 几何公差的标注

几何公差包括形状公差与位置公差，而位置公差又包括定向公差和定位公差。几何公差的符号有很多，包括形状公差中的平面度、圆度、圆柱度等和定向公差中的平行度、垂直度等。几何公差是机械加工中一项非常重要的基础要求。以法兰盘为例几何公差的标注方法如图 6-12 所示。

4. 表面粗糙度的标注

表面粗糙度是指加工表面具有的较小间距和微小峰谷不平度。表面粗糙度反映零件表面加工的光洁程度，因此需要在工程图中进行标注。以法兰盘为例表面粗糙度的标注方法如图 6-13 所示。

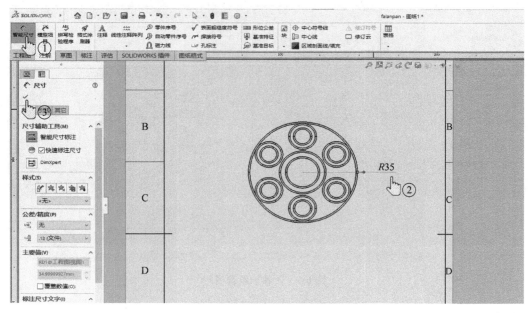

图 6-10 用"智能尺寸"命令插入尺寸

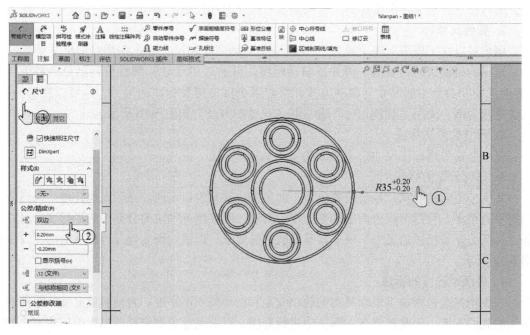

图 6-11 法兰盘标注尺寸公差

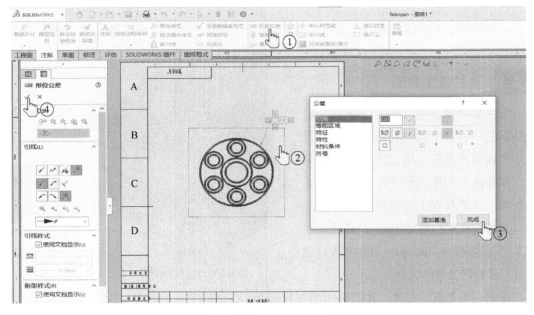

图 6-12　标注几何公差

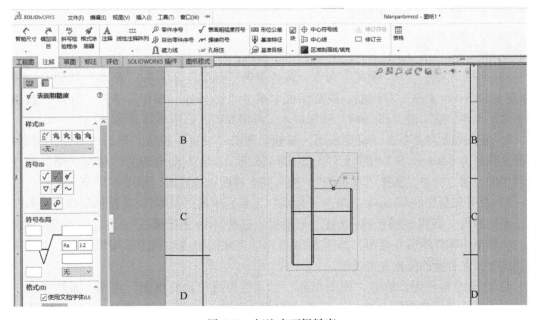

图 6-13　标注表面粗糙度

6.2 常用零件工程图

本节用两个工程图实例演示完整的工程图制作步骤，使读者更好地掌握工程图的设计过程。

6.2.1 法兰盘工程图

法兰盘简称法兰，是一个统称。通常是指在一个类似盘状的金属体的周边开上几个连接用的孔，用于连接其他零部件，在机械上应用十分广泛。因为样子千奇百怪，只要具有上述特点就称作法兰盘，其名字来源于英文 flange。其设计结果文档见实例/06/falanpan. SLDDRW，动画可扫描右侧二维码观看。

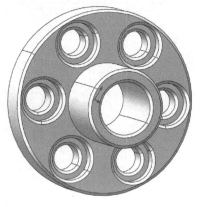

图 6-14 法兰盘结构

6.2.1 法兰盘工程图

绘制一法兰盘工程图，其结构如图 6-14 所示。

绘图分析

法兰盘属于盘类零件。对于法兰盘的工程图绘制，主要包括前视图和全剖视图的绘制，视图中孔的绘制比较多。需要应用的操作命令包括："剖面视图"命令、"中心线"命令、"智能尺寸"命令、"表面粗糙度"命令、"几何公差"命令和"注释"命令。

操作步骤

1) 选择"文件"→"新建"命令，或者单击"标准"工具栏"新建"按钮 □，弹出"新建 SolidWorks 文件"对话框。在对话框中单击"gb_ a4p"按钮，单击"确定"按钮进入工程图界面，或双击"gb_ a4p"按钮进入工程图界面，如图 6-15 所示。

2) 在工程图界面单击"模型视图"按钮，单击"浏览"按钮，弹出"打开"对话框，选择文件名为 falanpan. SLDPRT 文件，如图 6-16 所示。在左侧出现的"模型视图"属性管理器中的视图方向中，选择"前视图"，插入到工程图操作界面，如图 6-17 所示。

3) 打开光盘文件 falanpan。单击"标准"工具栏中的"从零件/装配体制作工程图"按钮，系统弹出"新建 SolidWorks 文件"对话框。选择"A4 图纸模板"，单击"确定"按钮。此时会弹出该零件的所有视图，如图 6-18 所示。将前视图拖动到图形编辑窗口，也可应用拖动的方法在合适的位置放置视图。

4) 创建全剖视图。单击"视图布局"工具栏中的"剖面视图"按钮，系统弹出"剖面视图辅助"属性管理器。单击"竖直切割线"按钮，在图形编辑窗口创建全剖视图 A—A，如图 6-19 所示。

5) 创建局部视图。单击"视图布局"工具栏中的"局部视图"按钮，在视图上需要局部表达的区域绘制圆作为局部视图区域。在"局部视图 I "属性管理器中的"比例"下拉

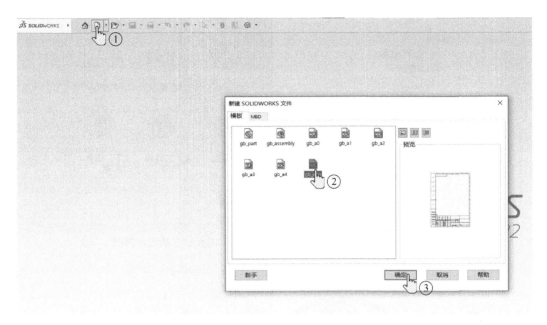

图 6-15　进入工程图界面

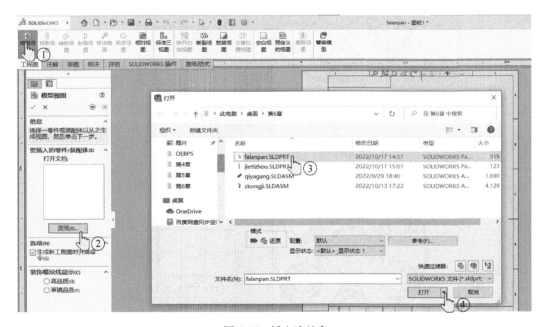

图 6-16　插入法兰盘

列表中选择比例为"2：1"，在"局部视图Ⅱ"属性管理器中的"比例"下拉列表中选择比例为"2：1"，在图形编辑窗口合适位置放置局部视图，如图 6-20 所示。

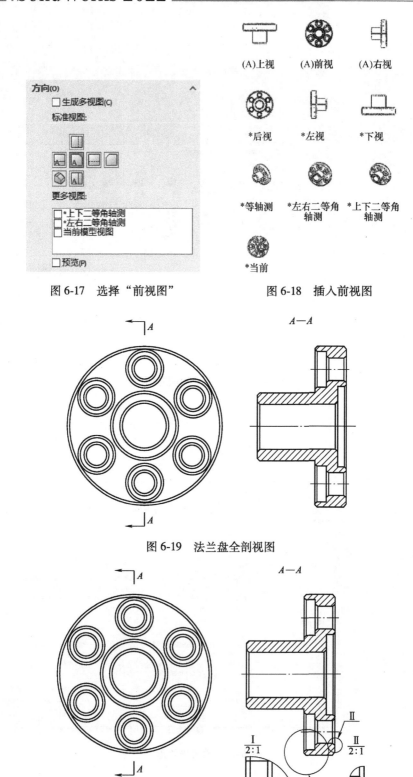

图 6-17　选择"前视图"　　　　图 6-18　插入前视图

图 6-19　法兰盘全剖视图

图 6-20　法兰盘局部视图

6）绘制中心线。单击"注解"面板中的"中心线"按钮，系统弹出"中心线"属性管理器。在视图中分别单击如图 6-21 所示的直线 1、直线 2 和直线 3、直线 4，单击"确认"按钮，完成中心线的创建。

7）标注基本尺寸。单击"注解"面板中的"智能尺寸"按钮，标注视图中的尺寸。在"智能尺寸"下拉列表中选择"水平尺寸链"，对剖视图进行尺寸链标注；应用"标注尺寸文字"选项组中的选项进行文字修改，并在"尺寸"属性管理器的"公差/精度"选项组中对公差进行设置。如图 6-22 所示。

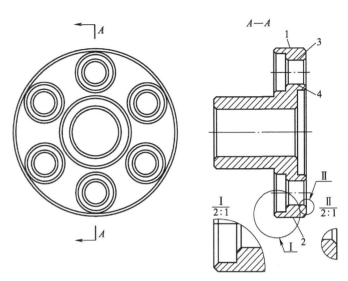

图 6-21　添加法兰盘中心线

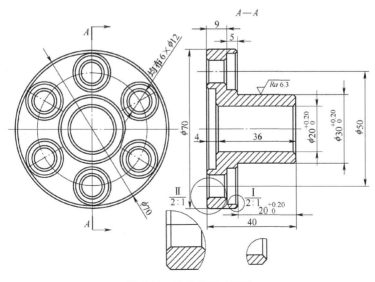

图 6-22　法兰盘尺寸标注

8）标注表面粗糙度。单击"注解"面板中的"表面粗糙度"按钮，系统弹出"表面粗糙度"属性管理器。在"表面粗糙度"属性管理器中设置参数，在图中需要标注的位置进行表面粗糙度的标注。在"格式"选项组中单击"字体"按钮，打开"选择字体"对话框，可以选择字体样式，完成表面粗糙度的标注，如图 6-23 所示。

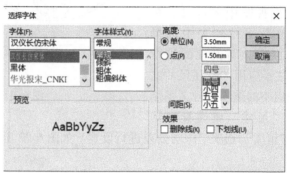

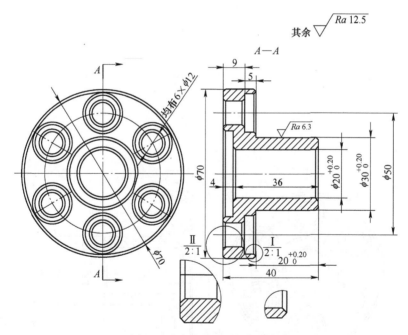

图 6-23　法兰盘表面粗糙度标注

9）选择"文件"→"另存为"命令，系统弹出"另存为"对话框，将该文件保存为 falanpan. SLDDRW，如图 6-24 所示。

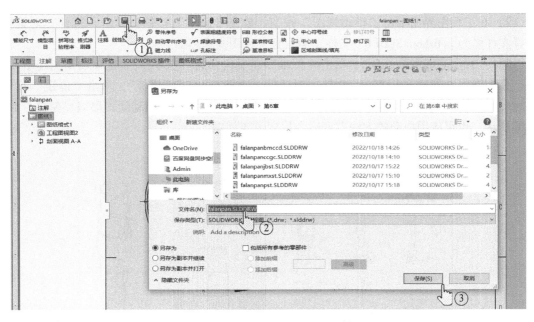

图 6-24　完成法兰盘工程图绘制

6.2.2　轴工程图

轴是用在轴承中间、车轮中间或齿轮中间的圆柱形零件，但也有少部分是方型的。轴是支承转动零件并与之一起回转以传递运动、转矩或弯矩的机械零件。轴一般为金属圆杆状，各段可以有不同的直径。机器中作回转运动的零件就装在轴上。其设计结果文档见实例/06/jietizhou. SLDDRW，动画可扫描右侧二维码观看。

绘制一阶梯轴工程图，其结构如图 6-25 所示。

图 6-25　轴结构

6.2.2　轴工程图

绘图分析

阶梯轴属于轴类零件。阶梯轴的工程图绘制，因轴的各阶梯断面尺寸较多，需要注意断面图的绘制。阶梯轴工程图的绘制需要要应用的操作命令包括："剖面视图"命令、"中心线"命令、"智能尺寸"命令、"表面粗糙度"命令、"几何公差"命令和"注释"命令。

操作步骤

1）选择"文件"→"新建"命令，或者单击"标准"工具栏"新建"按钮□，弹出"新建 SolidWorks 文件"对话框。在对话框中单击"gb_ a4p"按钮，单击"确定"按钮进入工程图界面，或双击"gb_ a4p"按钮进入工程图界面。

2）在工程图界面单击"模型视图"按钮，单击"浏览"按钮，弹出"打开"对话框，选择文件名为 jietizhou. SLDPRT 文件，插入到工程图操作界面。

3）打开配套资源 jietizhou。单击"标准"工具栏中的"从零件/装配体制作工程图"按钮，系统弹出"新建 SolidWorks 文件"对话框，选择"A4 图纸模板"，单击"确定"按钮。此时会弹出该零件的所有视图，将前视图、上视图和等轴测视图拖动到图形编辑窗口，如图6-26 所示，也可应用拖动的方法在合适的位置放置视图。

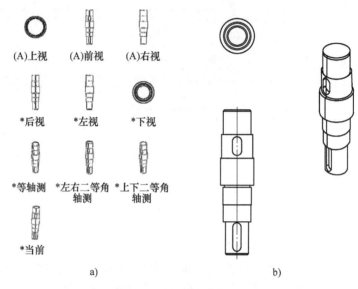

(A)上视　(A)前视　(A)右视

*后视　　*左视　　*下视

*等轴测　*左右二等角　*上下二等角
　　　　　　轴测　　　　轴测

*当前

a)　　　　　　　　　　　　　b)

图 6-26　插入阶梯轴视图

4）创建全剖视图。单击"视图布局"工具栏中的"剖面视图"按钮，系统弹出"剖面视图辅助"属性管理器，单击"竖直切割线"按钮，在图形编辑窗口创建全剖视图 A—A 与 B—B，如图 6-27 所示。

5）绘制中心线。单击"注解"面板中的"中心线"按钮，系统弹出"中心线"属性管理器。在视图中分别单击如图 6-28 所示的直线 1、直线 2 和圆 3、圆 4，单击"确认"按钮，完成中心线的创建。

6）标注基本尺寸。单击"注解"面板中的"智能尺寸"按钮，标注视图中的尺寸。在"智能尺寸"下拉列表中选择"竖直尺寸链"口，对前视图和剖视图进行尺寸链标注；应用"标注尺寸文字"选项组中的选项进行文字修改，并在"尺寸"属性管理器的"公差/精度"选项组中对公差进行设置。如图 6-29 所示。

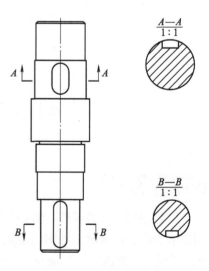

图 6-27　阶梯轴全剖视图

7）标注表面粗糙度。单击"注解"面板中的"表面粗糙度"按钮，系统弹出"表面粗糙度"属性管理器。在"表面粗糙度"属性管理器中设置参数，在图中需要标注的位置进行表面粗糙度的标注，在"格式"选项组中单击"字体"按钮，打开"选择字体"对话框，可以选择字体样式，完成表面粗糙度的标注，如图 6-30 所示。

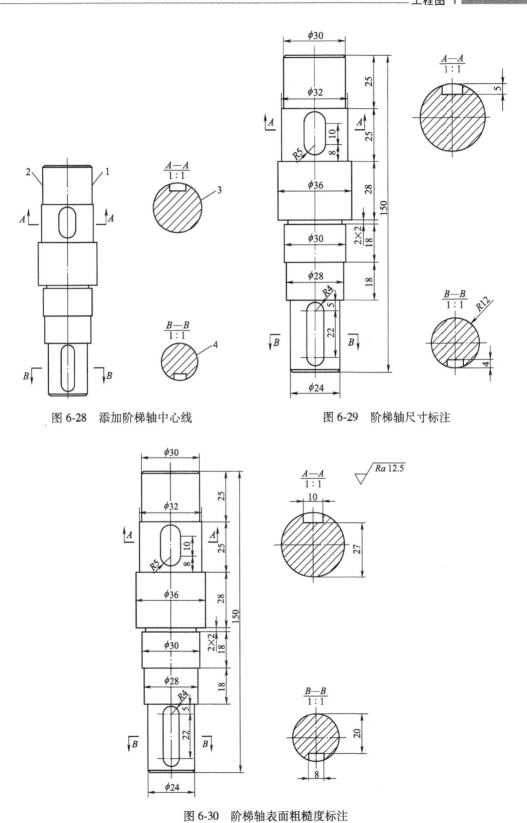

图 6-28　添加阶梯轴中心线

图 6-29　阶梯轴尺寸标注

图 6-30　阶梯轴表面粗糙度标注

8）选择"文件"→"另存为"命令，系统弹出"另存为"对话框，将该文件保存为 jietizhou. SLDDRW。

6.3 装配工程图

本节将用两个装配工程图的实例来演示完整装配工程图绘制的操作步骤，使读者更好地掌握多个零部件装配工程图的设计过程。

6.3.1 气缸装配工程图

气缸是将气压能转变为机械能的、做直线往复运动（或摆动运动）的气压执行元件，它结构紧凑、原理简单、工作可靠。用它来实现往复运动时，可免去减速装置，并且没有传动间隙，运动平稳，因此在各种机械的气压系统中得到广泛应用。气缸输出力和活塞有效面积及其两边的压差成正比；气缸基本上由缸筒和缸盖、活塞和活塞杆、密封装置、缓冲装置与排气装置组成。缓冲装置与排气装置视具体应用场合而定，其他装置则必不可少。

6.3.1 气缸装配工程图

绘制一气缸装配工程图，结构如图 6-31 所示。其设计结果文档见实例/06/qiyagang. SLDDRW，动画可扫描右侧二维码观看。

图 6-31 气缸结构

绘图分析

气缸属于简单装置。其零部件不多，首先应绘制气缸装配工程图，通过一张装配图的绘制即可表达气缸的工作原理、运动方式、零件间的连接及其装配关系，气缸装配工程图绘制需要应用的操作命令包括："剖面视图"命令、"中心线"命令、"智能尺寸"命令、"尺寸公差"命令和"注释"命令。

操作步骤

1）选择"文件"→"新建"命令，或者单击"标准"工具栏"新建"按钮，弹出"新建 SolidWorks 文件"对话框。在对话框中单击"gb_a4p"按钮，单击"确定"按钮进入工程图操作界面，或双击"gb_a4p"按钮进入工程图界面。

2）在工程图界面单击"模型视图"按钮，单击"浏览"按钮，弹出"打开"对话框，选择文件名为 qiyaganag. SLDPRT 文件，插入到工程图操作界面。

3）打开配套资源 qiyaganag。单击"标准"工具栏中的"从零件/装配体制作工程图"按钮，系统弹出"新建 SolidWorks 文件"对话框，选择"A4 图纸模板"，单击"确定"按钮，此时会弹出该零件的所有视图，将前视图、右视图和等轴测视图拖动到图形编辑窗口，如图 6-32 所示，也可应用拖动方法在合适的位置放置视图。

4）绘制标题栏。按照国家标准，在图框右下角绘制标题栏。在标题栏指定位置添加文字的方法：单击"注解"面板中的"注释"按钮，系统弹出"注释"属性管理器。单击

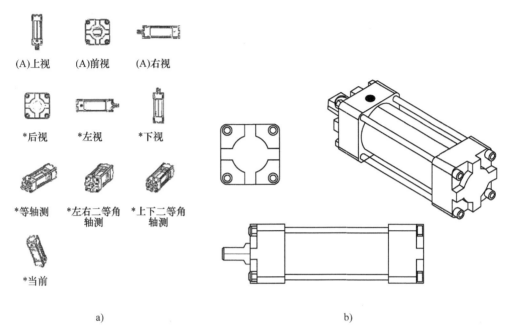

(A)上视　(A)前视　(A)右视

*后视　*左视　*下视

*等轴测　*左右二等角轴测　*上下二等角轴测

*当前

a)　　　　　　　　　　b)

图 6-32　插入气缸视图

"引线"选项组中的"无引线"按钮，如图 6-33c 所示，即可添加文字到指定位置。隐藏指定尺寸的方法：依次选择要隐藏的尺寸，右键单击，从弹出的快捷菜单中选择"隐藏"命令即可。

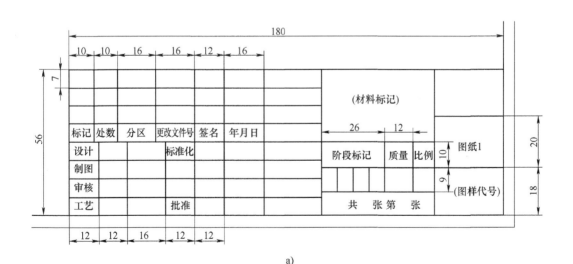

a)

图 6-33　标题栏绘制

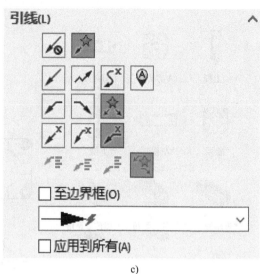

b) | c)

图 6-33　标题栏绘制（续）

　　5）链接注释到属性。用户可将标题栏中要填写的注释信息链接到文件属性，以自动获取来自系统的自定义信息，从而使填写更智能化。单击"注释"按钮，系统弹出"注释"属性管理器。通过"无引线"的添加方式，在指定位置添加一个文本框。单击"注释"属性管理器中"文字格式"选项组中的"链接到属性"按钮，系统弹出"链接到属性"对话框，如图 6-34 所示，选择"当前文件"选项，在下拉列表中选择相应的信息即可。

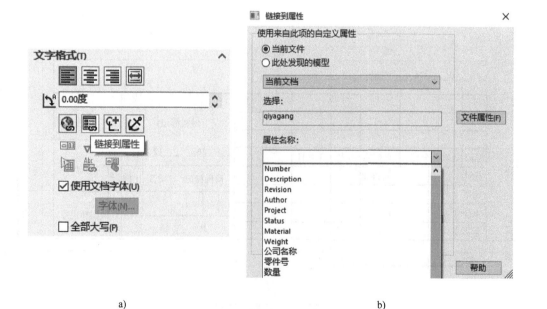

a) | b)

图 6-34　链接注释到属性

6）完成标题栏绘制。"链接到属性"对话框的下拉列表中没有相应信息时，可单击"文件属性"按钮，系统弹出"摘要信息"对话框，可添加作图所需的信息。在"年　月日"对应栏中填写时间时，在"链接到属性"对话框的下拉列表中选择"S-短日期（Short Date）"，链接到的日期为当前日期；在"共　张"空白处填写时，在"链接到属性"对话框的下拉列表中选择"SW-图纸总数（Total Sheets）"；在"第　张"空白处填写时，在"链接到属性"对话框的下拉列表中选择"SW-当前图纸（Current Sheet）"；在填写图纸名称的内容时，在"链接到属性"对话框的下拉列表中选择"SW-图纸名称（Sheet Name）"；在"比例"对应栏填写比例时，在"链接到属性"对话框的下拉列表中选择"SW-图纸比例（Sheet Scale）"，链接到当前图纸比例。此处的"SW-图纸比例（Sheet Scale）"与"图纸属性"中的"比例（S）"同步。效果如图6-35所示。

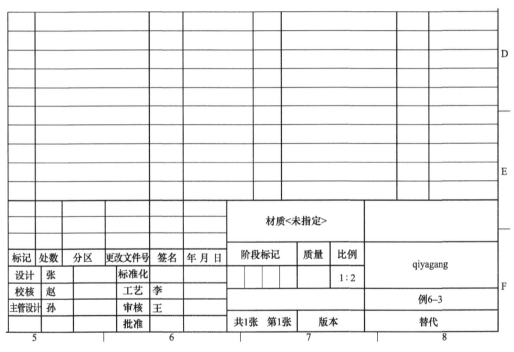

图6-35　标题栏绘制

7）创建半剖视图。在"视图布局"工具栏中单击"剖面视图"按钮，系统弹出"剖面视图辅助"属性管理器。在"半剖面"选项组中单击"左侧向上"按钮，鼠标依次划过气缸下部，单击气缸中心、气缸左侧，选择合适的位置单击生成半剖视图，如图6-36所示。

8）创建局部视图。单击"视图布局"工具栏中的"局部视图"按钮，在视图上需要局部表达的区域绘制圆作为局部视图区域，在"局部视图"属性管理器中的"比例"下拉列表中选择比例为"2：1"，在图形编辑窗口合适位置放置局部视图，如图6-37所示。

9）绘制中心线。单击"注解"工具栏的"中心线"按钮，系统弹出"中心线"属性管理器，在视图中分别单击如图6-38所示的直线1、直线2和圆弧3，单击"确认"按钮，完成中心线的创建。

10）标注基本尺寸。单击"注解"面板中的"智能尺寸"按钮，标注视图中的尺寸。

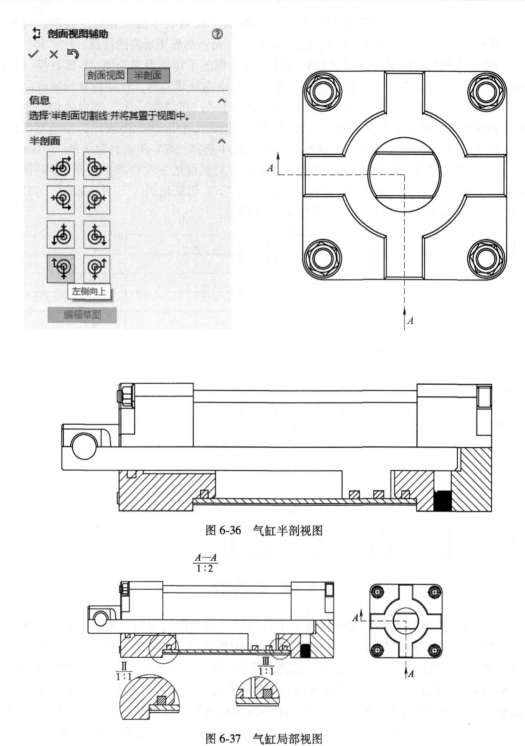

图 6-36　气缸半剖视图

图 6-37　气缸局部视图

选择"智能尺寸"下拉列表中的"水平尺寸链"，对剖视图进行尺寸标注，应用"标注尺寸文字"选项组中的选项进行文字修改，并在"尺寸"属性管理器中的"公差/精度"选项组中，对公差进行设置。如图 6-39 所示。

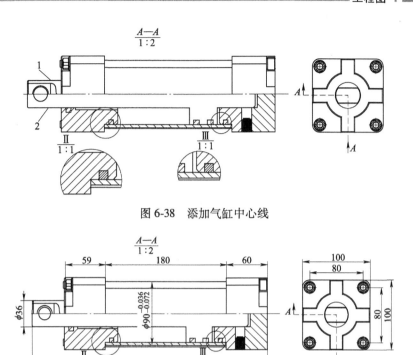

图 6-38　添加气缸中心线

图 6-39　气缸尺寸标注

11）完成引线注释。单击"注解"面板中的"注释"按钮，系统弹出"注释"属性管理器，在"注释"属性管理器中"文字格式"选项组中选择文字的格式；在"引线"选项组中选择引线的样式；在"图层"选项组中选择要使用的图层，如图 6-40 所示。

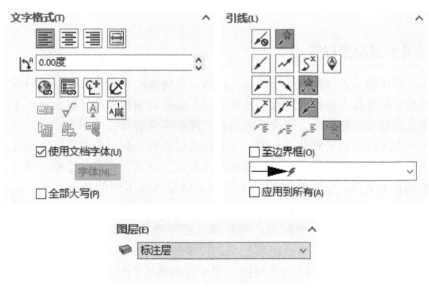

图 6-40　添加气缸注释

229

12）完成最终注释说明。单击"注解"面板中的"注释"按钮，在视图中的合适位置单击，确定添加注释的位置，此时系统弹出"格式化"对话框。在"格式化"对话框中设置字体和字号后，输入相应的文字注释，如图 6-41 所示。

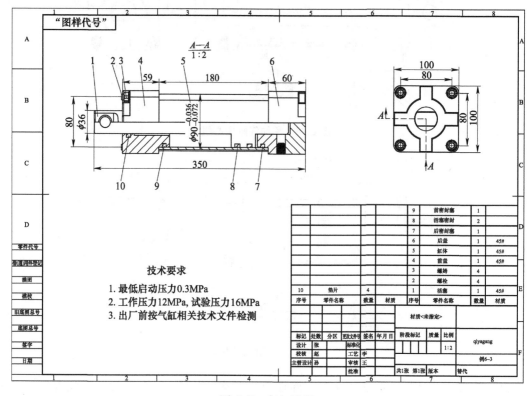

图 6-41　气缸注释

13）选择"文件"→"另存为"命令，系统弹出"另存为"对话框，将该文件保存为 qiyagang. SLDDRW。

6.3.2　钻孔机装配工程图

钻孔机是指用钻头进行勘探工作的钻孔设备。在地质勘查工作中，利用钻探设备向地下钻成的直径较小深度较大的柱状圆孔，称为钻井。钻探石油和天然气以及地下水的钻孔直径要大些。钻孔直径和深度大小，取决于地质矿产埋藏深度和钻孔的用途。

钻孔机装配工程图属于复杂工程图，是表达机器或部件的工作原理、运动方式、零件间的连接及其装配关系的图样。用于机器或部件的装配、调试、安装、维修等场合，是生产中的一种重要的技术文件。绘制装配图的步骤和绘制零件图不同的地方主要在于：绘制装配图时要从整个装配体的结构特点、工作原理出发，确定恰当的表达方案，进而画出装配图。在机器或部件的设计过程中，一般是先设计画出装配图，然后再根据装配图进行零件设计，画出零件图。钻孔机共需绘制两张装配图，11 张零件图（书中仅列举了 5 例），其结构如图 6-42 所示。其设计结果文档见实例/06/zkongji. SLDDRW，动画可扫

6.3.2.1　钻孔机装配工程图

描右侧二维码观看。

绘图分析

钻孔机整体部件多，工程图绘制非常复杂。钻孔机工程图绘制主要由以下部分组成：图框（用来确定图纸尺寸）、标题栏（里面有图样包含的很多信息，例如，名称、材料、图号、设计人员等与该图样相关的诸多要素）、表达视图（正确、完整、清晰地表达产品或部件的工作原理、各组成零件间的相互位置和装配关系及主要零件的结构形状）、尺寸（反映产品或部件的规格、外形、装配、安装所需的必要尺寸和一些重要尺寸）、技术要求（用文字或国家标准规定的符号注写出该装配体在装配、检验、使用等方面的要求）、部件序号和明细栏。创建以上特征主要应用的操作："图纸模板选择"命令、"剖面视图"命令、"中心线"命令、"智能尺寸"命令、"尺寸公差"命令和"注释"命令。

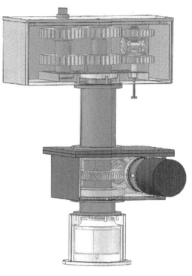

图 6-42　钻孔机结构

操作步骤

首先绘制钻孔机总体装配工程图，然后再绘制相关零部件工程图。具体操作步骤如下。

1. 钻孔机总体装配图绘制

1）选择"文件"→"新建"命令，或者单击"标准"工具栏"新建"按钮 □，弹出"新建 SolidWorks 文件"对话框。在对话框中单击"gb_a1"按钮，单击"确定"按钮进入工程图操作界面，或双击"gb_a1"按钮进入工程图界面。

2）在工程图界面单击"模型视图"按钮，单击"浏览"按钮，弹出"打开"对话框，选择文件名为 zkongji.SLDPRT 的文件，比例选择"1∶2"，插入到工程图操作界面。

3）打开配套资源 zkongji。单击"标准"工具栏中的"从零件/装配体制作工程图"按钮，系统弹出"新建 SolidWorks 文件"对话框，选择"A1 图纸模板"，单击"确定"按钮，此时会弹出该零件的所有视图，将前视图、上视图和等轴测视图拖动到图形编辑窗口，如图 6-43 所示，也可应用拖动的方法在合适的位置放置视图。

4）绘制标题栏。按照国家标准，在图框右下角绘制标题栏。在标题栏指定位置添加文字的方法：单击"注解"面板中的"注释"按钮，系统弹出"注释"属性管理器，单击"引线"选项组中的"无引线"按钮，即可添加文字到指定位置。隐藏指定尺寸的方法：依次选择要隐藏的尺寸，右键单击，从弹出的快捷菜单中选择"隐藏"命令即可。

5）链接注释到属性。用户可将标题栏中要填写的注释信息链接到文件属性，以自动获取来自系统的自定义信息，从而使填写更智能化。单击"注释"按钮，系统弹出"注释"属性管理器。通过"无引线"的添加方式，在指定位置添加一个文本框。单击"注释"属性管理器中"文字格式"选项组中的"链接到属性"按钮，系统弹出"链接到属性"对话框，选择"当前文件"选项，在下拉列表中选择相应的信息即可。

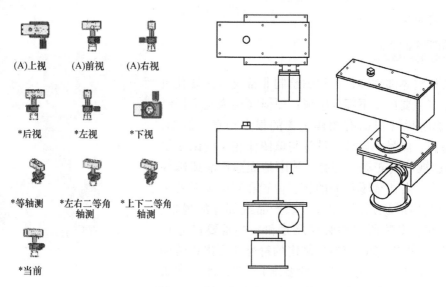

(A)上视　　(A)前视　　(A)右视

*后视　　*左视　　*下视

*等轴测　　*左右二等角
轴测　　*上下二等角
轴测

*当前

图 6-43　插入钻孔机视图

6）完成标题栏绘制。"链接到属性"对话框的下拉列表中没有相应信息时，可单击"文件属性"按钮，系统弹出"摘要信息"对话框，可添加作图所需的信息。

7）创建全剖视图。单击"视图布局"工具栏中的"剖面视图"按钮，系统弹出"剖面视图辅助"属性管理器，单击"竖直切割线"按钮，在图形编辑窗口创建全剖视图 A—A，如图 6-44 所示。

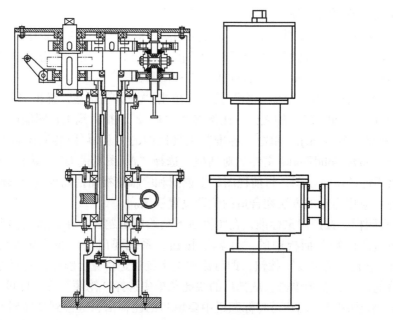

图 6-44　钻孔机全剖视图

8）绘制中心线。单击"注解"面板中的"中心线"按钮，系统弹出"中心线"属性管理器，在视图中分别绘制主传动箱、传动轴、第二传动轴零部件的中心线，如图 6-45 所示。

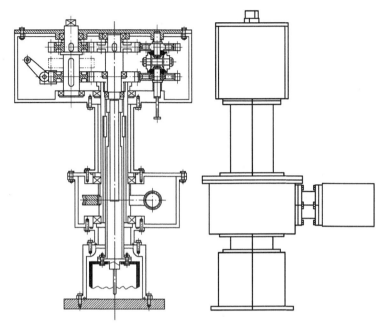

图 6-45　添加钻孔机中心线

　　9）标注基本尺寸。单击"注解"面板中的"智能尺寸"按钮，标注视图中的尺寸。选择"智能尺寸"下拉列表中的"水平尺寸链"，对视图进行尺寸标注，应用"标注尺寸文字"选项组中的选项进行文字修改，如图 6-46 所示。

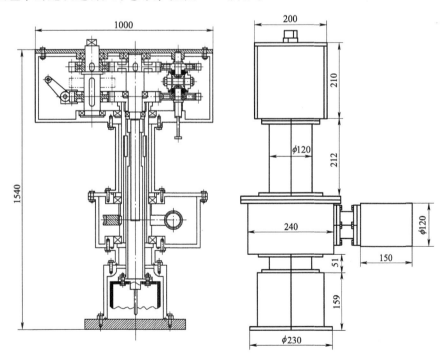

图 6-46　钻孔机标注尺寸

233

10）完成引线注释。单击"注解"面板中的"注释"按钮，系统弹出"注释"属性管理器，在"注释"属性管理器中"文字格式"选项组中选择文字的格式；在"引线"选项组中选择引线的样式；在"图层"选项组中选择要使用的图层，如图 6-47 所示。

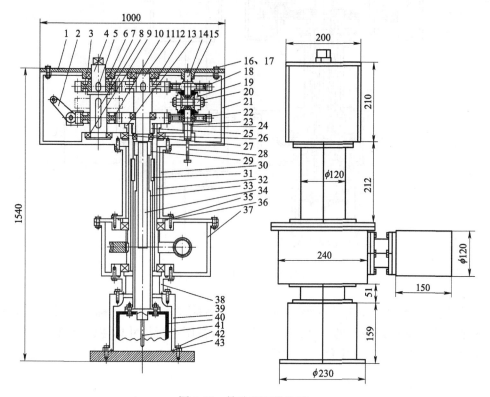

图 6-47　钻孔机引线注释

11）完成最终注释说明。单击"注解"面板中的"注释"按钮，在视图中的合适位置单击，确定添加注释的位置，此时系统弹出"格式化"对话框。在"格式化"对话框中设置字体和字号后，输入相应的文字注释，如图 6-48 所示。

12）选择"文件"→"另存为"命令，系统弹出"另存为"对话框，将该文件保存为zkongji.SLDDRW，完成钻孔机总体装配工程图的绘制。

2. 钻孔机主传动箱工程图绘制

1）打开配套资源 zongcheng_zhuchuandongxiang。单击"标准"工具栏中的"从零件/装配体制作工程图"按钮，系统弹出该零件的所有视图，将上视图、前视图和等轴测视图拖动到图形编辑窗口，如图 6-49 所示，也可应用拖动的方法在合适的位置放置视图。

6.3.2.2　钻孔机
主传动箱
工程图绘制

2）绘制标题栏。按照国家标准，在图框右下角绘制标题栏。

3）创建剖视图。在"视图布局"工具栏中单击"剖面视图"按钮，系统弹出"剖面视图辅助"属性管理器。选择合适的位置单击生成局部剖视图，如图 6-50 所示。

4）绘制中心线。单击"注解"面板中的"中心线"按钮，系统弹出"中心线"属性管理器，在视图中完成中心线的创建，如图 6-51 所示。

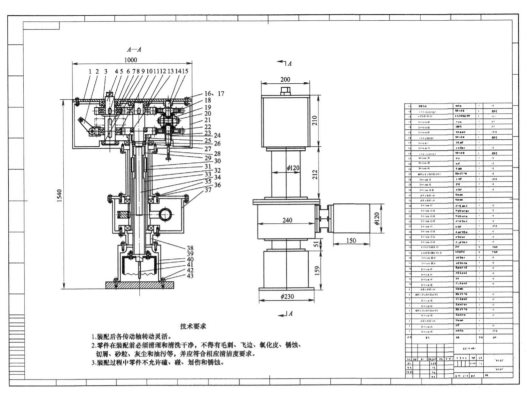

图 6-48　钻孔机注释

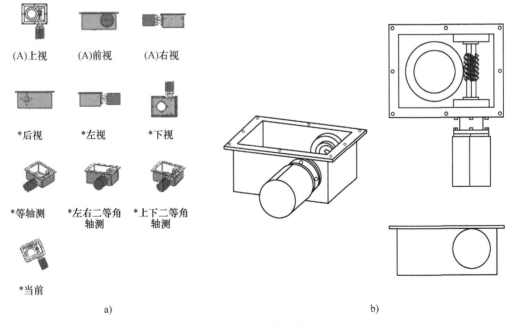

a)	b)

图 6-49　插入主传动箱视图

5）标注基本尺寸。单击"注解"面板中的"智能尺寸"按钮，标注视图中的尺寸，如图 6-52 所示。

6）完成引线注释。单击"注解"面板中的"注释"按钮，在"注释"属性管理器中"文字格式"选项组中选择文字的格式；在"引线"面板选择引线的样式；在"图层"面板选择要使用的图层，如图 6-53 所示。

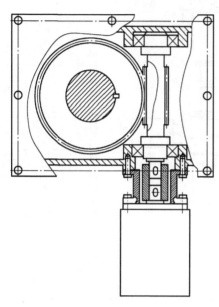

图 6-50 主传动箱局部剖视图

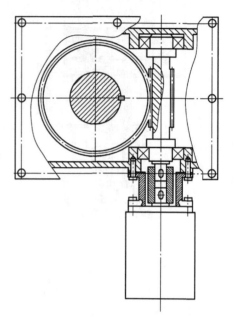

图 6-51 添加主传动箱中心线

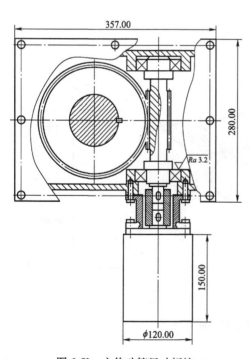

图 6-52 主传动箱尺寸标注

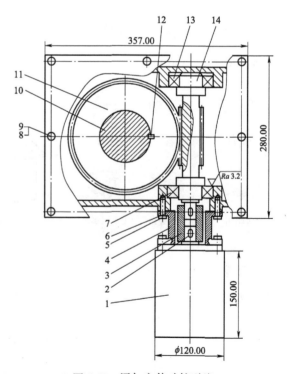

图 6-53 添加主传动箱引线

7）完成最终注释说明。单击"注解"面板中的"注释"按钮，在视图中的合适位置单击，确定添加注释的位置。在"格式化"对话框中设置字体和字号后，输入相应的文字注释，如图 6-54 所示。

8）选择"文件"→"另存为"命令，系统弹出"另存为"对话框，将该文件保存为 zongcheng_ zhuchuandongxiang. SLDDRW。

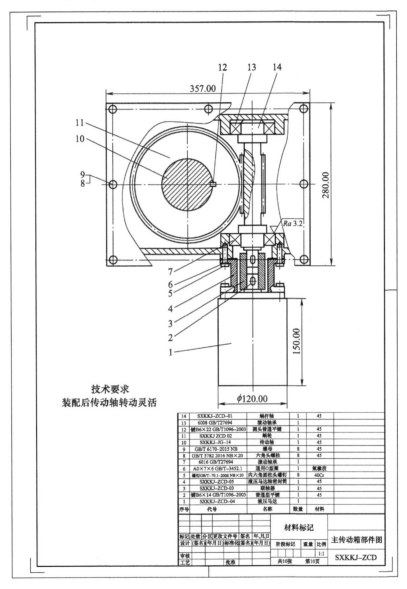

图 6-54　添加主传动箱注释

3. 钻孔机进给箱工程图绘制

1）打开配套资源 jinjixiang。单击"标准"工具栏中的"从零件/装配体制作工程图"按钮，选择"A3 图纸模板"，单击"确定"按钮，在合适的位置放置视图。

2）绘制标题栏、创建剖视图。具体内容步骤可参照钻孔机总体装配图绘制的步骤 4）~

7）。进给箱剖视图如图 6-55 所示。

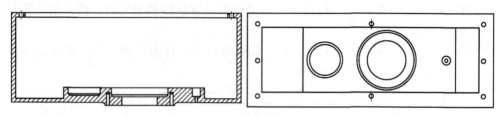

图 6-55　进给箱剖视图

3）绘制中心线、标注基本尺寸、标注表面粗糙度、几何公差与基准特征。具体内容步骤可参照钻孔机总体装配图绘制的步骤 8）～10）。绘制结果如图 6-56 所示。

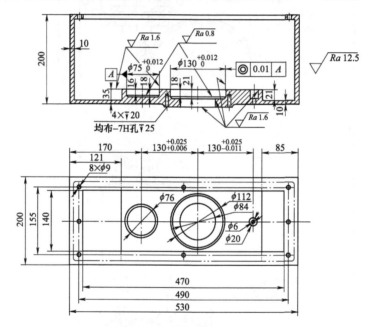

图 6-56　进给箱标注

4）完成最终注释说明、书写技术要求。具体内容见钻孔机总体装配图绘制的步骤 11）。最终工程图如图 6-57 所示。

5）选择"文件"→"另存为"命令，系统弹出"另存为"对话框，将该文件保存为 jinjixiang. SLDDRW。

4. 钻孔机齿轮零件工程图绘制

1）打开配套资源 zhichiyuanzhuchilun。单击"标准"工具栏中的"从零件/装配体制作工程图"按钮，选择"A3 图纸模板"，单击"确定"按钮，在合适的位置放置视图，如图 6-58 所示。

2）绘制参数明细表。具体内容参照钻孔机总体装配图绘制的步骤 4）、5）和 6）。齿轮参数明细表如图 6-59 所示。

3）创建剖视图。具体内容参照钻孔机总体装配图绘制的步骤 7），齿轮剖视图如图 6-60 所示。

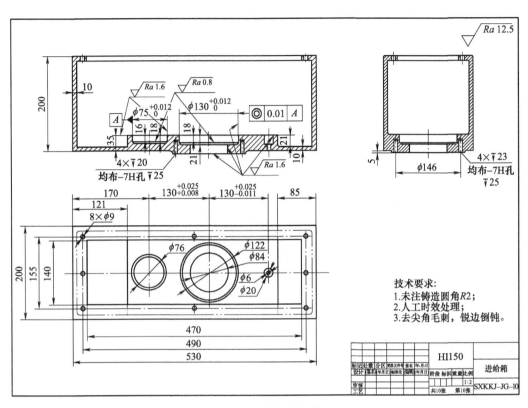

图 6-57　进给箱注释

(A)上视	(A)前视	(A)右视	*后视	*左视
*下视	*等轴测	*左右二等角 轴测	*上下二等角 轴测	*当前

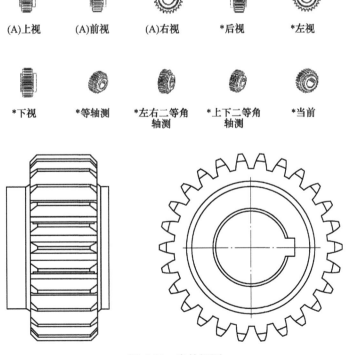

图 6-58　齿轮视图

模数	m	2.75	
齿数	z	26	
齿形角	α	20°	
变位系数	x	0	
精度	7 GB/T 10095.1		
齿距累计总偏差	F_p	0.038	
单个齿距偏差	$\pm f_{p1}$	±0.012	
齿廓总偏差	F_α	0.016	
螺旋线总偏差	F_β	0.017	
公法线公差值与上、下偏差（$k=3$）	$W_k = m[2.952(k - 0.5) + 0.014z]$		

图 6-59　齿轮参数明细表

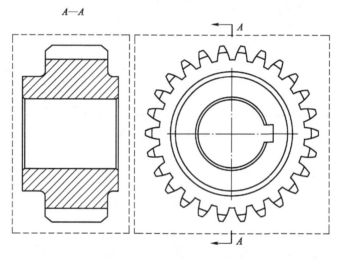

图 6-60　齿轮剖视图

4）绘制中心线、标注基本尺寸、标注表面粗糙度、几何公差与基准特征。具体内容可参照钻孔机总体装配图绘制的步骤 8）、9）和 10）。最终完成齿轮的各种标注如图 6-61 所示。

5）完成最终注释说明、书写技术要求。具体内容参照钻孔机总体装配图绘制的步骤 11）。最终齿轮零件工程图如图 6-62 所示。

6）选择"文件"→"另存为"命令，系统弹出"另存为"对话框，将该文件保存为 zhichiyuanzhuchilun. SLDDRW。

5. 钻孔机其他代表性零件工程图绘制

1）重复执行"插入零件视图"→"绘制标题栏"→"绘制零件剖视图"→"插入零件中心线"→"标注零件尺寸"→"标注零件表面粗糙度"→"完成最终注释说明"命令，完成其余钻孔机零件工程图的绘制。

2）下面列举几个其他代表性的零件工程图供读者参考，如图 6-63 所示。

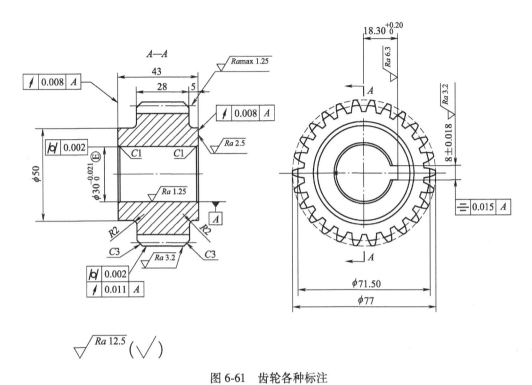

图 6-61　齿轮各种标注

模数	m	2.75
齿数	z	26
齿形角	α	20°
变位系数	x	0
精度		7 GB/T10095.1
齿距累计总偏差	F_p	0.038
单个步距偏差	$\pm f_{pt}$	±0.012
齿廓总偏差	F_α	0.016
螺旋线总偏差	F_β	0.017
公法线公差值与上、下偏差 ($k=3$)	$W_k=m[2.952(k-0.5)$ $+0.014z]$	

技术要求:
1.未标注尺寸公差按照GB/T I804–f。
2.未标注几何公差按照GB/T I184–K。

								材质(未指定)			
											"图样名称"
标记	处数	分区	更改文件号	签名	年 月 日	阶段	标记	质量	比例		
				标准化							
				工艺				0.107	1:1		"图样代号"
主管设计				审核							
				批准		共张 第1张	版本				

图 6-62　齿轮工程图

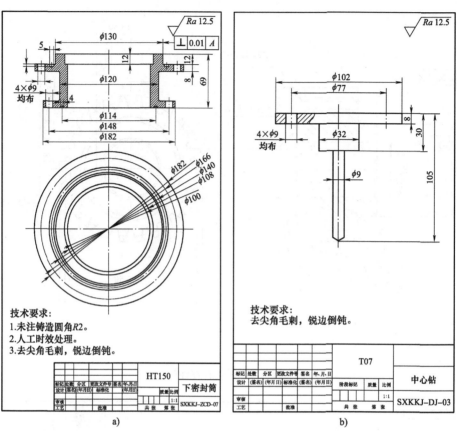

a)

b)

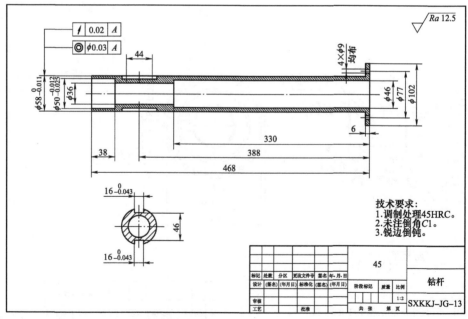

c)

图 6-63 其他代表性的零件工程图

a）下密封筒工程图 b）中心钻工程图 c）钻杆工程图

6.4 思考与练习

1. 思考题

试给出"工程图"的概念，并说明工程制图在工程上的应用。

2. 操作题

将图 6-64 所示的前盖转化成工程图。

图 6-64 前盖

参 考 文 献

［1］王德伦，马雅丽，朱林剑，等．机械设计［M］．2版．北京：机械工业出版社，2020.

［2］张文忠．机械设计［M］．北京：高等教育出版社，2021.

［3］北京兆迪科技有限公司．SolidWorks高级应用教程［M］．北京：机械工业出版社，2021.

［4］王增全，徐久军．柴油机活塞环气缸套摩擦学［M］．北京：科学出版社，2021.

［5］王勇，赵明．齿轮箱轴承应用技术［M］．北京：机械工业出版社，2022.

［6］苏欣平，刘士通．液压钻机设计［M］．北京：中国电力出版社，2022.

［7］梁秀娟，井晓翠．SOLIDWORKS 2018中文版机械设计基础与实例教程［M］．北京：机械工业出版社，2020.

［8］江洪，王成崇，严传馨．SolidWorks 2019基础教程［M］．北京：机械工业出版社，2020.